ゼロから学ぶ Python プログラミング

Google Colaboratoryでらくらく導入

渡辺宙志 ● 著

JN047369

講談社

はじめに

プログラマ的感覚

　本書では Python をゼロから学ぶ。しかし始める前に、「なぜ Python を学ぶべきなのか？」「Python を学んでどうするのか？」について少し伝えたいことがある。

　本書の目的は「これまでプログラムを組めなかった人がプログラムを組めるようになること」ではない。また、プログラミング言語として Python を扱うが「Python をマスターすること」を目的とはしない。そもそも全くプログラムを組んだことがない状態から、本書を読んだだけで Python をバリバリ組めるようになる、というのは不可能だ。

　では何を目的とするか。それは「これくらいのプログラムを書けば、これくらいのことができるんだなぁ」という「感覚」を身につけることだ。これから短いプログラムから、それなりに長いプログラムまで多数組むことになるが、そこで文法とか、ライブラリの使い方などを覚える必要はない。ざっくりと「Python にはこんなライブラリがあり、それを使うとわずか数行でこれくらいのことができる」ということを頭の片隅に置いてくれればそれで良い。

　なぜプログラミングを覚えるべきか。それは今後プログラミングが就職活動の必須スキルになるからではなく、まして AI がブームだからでもない。「プログラマ的感覚」を身につけるためだ。たとえ日常的にプログラムを組んでいなくとも、「プログラマ的感覚」を身につけた人は、そうでない人に比べて作業能力が桁違いに上がる可能性がある。

　例を挙げよう。あなたは、あるフォルダの中にある 100 枚くらいの画像を全て半分にリサイズしなければならない。とりあえず Windows を使っていて「ペイント」でファイルを開き、「Ctrl+E」でイメージのプロパティを開けば幅と高さを調整できることは知っているとしよう。「プログラマ的感覚」がなければ、頑張って「ペイント」で 100 枚修正してしまうかもしれない。

　ここで、本書を読んだ人は、詳細は覚えていなくとも「少なくとも Python には画像を扱うライブラリがあり、リサイズもできるはずで、またフォルダの中のファイル一覧も簡単に取得できるに違いない」と思うだろう。そして「Python　画像　リサイズ」や「Python　フォルダ　ファイル　一覧」などのキーワードで検索し、以下のようなコードを書く。

```python
import glob
from PIL import Image

for file in glob.glob("*.png"):
    img = Image.open(file)
    (w, h) = img.size
    img.resize((w//2, h//2), Image.LANCZOS).save("resized/"+file)
```

　カレントディレクトリにある PNG ファイルを、半分のサイズにしては resized というフォルダに放り込んでいくスクリプトである。たった 6 行だ。

　もしくは、「これくらいのことなら Python を使うまでもないかもしれない」と思い、「画像　リサイズ　一括」というキーワードで検索して、ImageMagick というツールにたどり着くかもしれない。

それなら 1 行でできる。

```
mogrify -path resized -resize 50% *.png
```

　ここで重要なのは「Python の glob や PIL というライブラリの存在や使い方を覚えていること」でも「ImageMagick というツールを知っていること」でもない。「これくらいのことなら数行でできるに違いない」という感覚である。プログラマ的な感覚を身につけていない人は、そもそも「これは簡単にできるだろう」という発想がないため、検索もできない。

　もしかしたら「プログラムの素養がなくたって画像のリサイズくらいなら自動でできると思いつく」と思うかもしれない。では、こんな課題はどうだろう？　あなたは卒業研究でトランジスタの特性を調べることになった。それぞれのトランジスタにはあるパラメタがあり、異なるパラメタを用いてつくられている。そのトランジスタの電圧－電流特性が、以下のようなテキストファイルに保存されているとしよう。

```
0.0 0.0
0.1 0.01
0.2 0.2
0.3 0.8
...
```

　このようなデータが、トランジスタのパラメタを含めて data_48.dat といった名前で保存されており、それが 100 個近くある。トランジスタは、ゲートにかける電圧がある「しきい値」を超えると電流が流れ始める。このデータに適当にフィッティングをかけることで、「しきい値」を求めたいとしよう。ファイルそれぞれのデータにフィッティングをかけて、ファイル名のうしろにある値（この場合は 48）を x 軸に、しきい値を y 軸にしてプロットしたい。

　画像のリサイズは一般的なニーズだからツールがあるが、この卒論のテーマはあなたしかやっていないから、そんな便利なツールはない。ここで、もし「プログラマ的感覚」がなければ、一つ一つエクセルでファイルを開き、しきい値を求めて、別のエクセルシートにパラメタとして記入していくかもしれない。そして徹夜で作業して「卒論がんばってる！」と錯覚するかもしれない。しかし、もしあなたが「プログラマ的感覚」を持っていれば、「これは Python を使えば、長くても数十行でできるな」と思うはずだ。

　繰り返しになるが、必要なのは「知識」ではなく「感覚」である。「glob を使ってファイル一覧を取得し、SciPy の curve_fit でフィッティングをかけることができる」ということを覚えておく必要はない。大事なのは「そういうことが簡単にできるはずだ」と思うことで、そう思うことができれば「Python フィッティング」で検索すればすぐに scipy.curve_fit にたどり着けるはずだし、もしかしたら Python ではなく R を使いたくなるかもしれない。調べて試してみるたびに、あなたのスキルはどんどん増えていくことになる。

　こういった考えは別に Python に限らない。エクセルを使っていても、面倒な処理を見た時に「こ

れは一括でできるマクロがあるに違いない」と思って探すかどうか。毎日決まった時間に、あるウェブサイトにアクセスして、ある値を読み取らないといけないという「仕事」が与えられた時に、「ウェブサイトにアクセスして値を読み込めるツールがあるに違いない。毎日決まった時間に何かを自動的に実行する方法があるに違いない。それらを組み合わせれば良い」と思えるかどうか。これが「プログラマ的感覚」である。

こういう発想ができるようになれば、日々の作業効率が飛躍的に向上するのが想像できるであろう。別に全ての作業を自動化する必要はない。プログラミングは何かの目的を達成するための手段の一つに過ぎず、プログラミングするか、ツールを導入するか、それとも今回は手でやるか、自動化のためのコストと、自動化しなかった時のコストを考えて、その時その時に最適と思える選択をすれば良い。

細かい文法などは最初は気にせず、必要に応じて調べれば良い。「Python はこういうことができるんだな」「それはこれくらいの作業量でできるんだな」という「感覚」を頭の片隅に残すこと、それを目的として学習して欲しい。

謝辞

本書は慶応義塾大学理工学部物理情報工学科の講義「プログラミング基礎同演習」のテキストとして執筆されました。Google Colaboratory を利用して講義するというアイディアは、同科の内山孝憲教授によるものです。本講義にあたり、同科の國府方大喜さん、原啓太さんには TA を担当していただきました。特に國府方さんには多数のミスを指摘していただきました。講義では学生さんから多数のフィードバックを頂きました。特にレポートの考察やコメントを読むのが毎回楽しみでした。渡辺研究室の学生さんからは、多くのミスの指摘や改善の提案をいただきました。皆様に感謝いたします。

本書の使い方

本書は、これまでプログラミングにほとんど触れたことがない学生向けのプログラミングの講義のノートとして書かれたものだ。Google Colaboratory（以下、Google Colab）を使うことで、ネットワークにつながった PC とブラウザさえあればすぐに始められるようになっている。言語としては Python を用いるが、Python を学ぶことそのものを目的とせず、プログラミングの考え方や、計算機の仕組み、代表的なアルゴリズムなどに触れることを目的としている。

本書は全 14 章から構成され、各章が 1 回の講義に対応している。最初に 30 分程度「今回は何を学ぶか」の説明をして、その後 60 分程度を実習にあてることを想定した内容となっている。各章の前半に、その章で学ぶこと及び課題の説明が記載されており、後半には実習のための課題が用意されている。課題は、

1. 新しいノートブックを開き、名前をつける
2. 各セルの内容を入力し、実行する（穴埋め問題がある場合もある）
3. 結果について考察する

という形式で進む。課題では、既に用意されているプログラムを入力する、いわゆる「写経」がメインとなる。写経は敬遠されることも多いのだが、よく使うイディオムを覚えることができるし、また入力ミスをした場合にエラーメッセージを見て修正する練習にもなるため、全くプログラムを触ったことがない初学者が最初に行うには悪くない学習方法である。

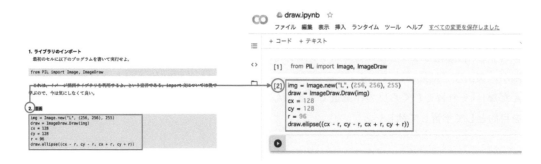

図 1 　セル番号の対応

　課題は、各セルごとに分かれており、セルの番号が付与してある。例えば課題に「2. 描画」などとあったら、これは上から 2 番目のセルに入力する内容であることを意味する（図 1）。なお、実行の順序や繰り返し実行等により、実際のセルに表示される番号は変わる場合があることに注意して欲しい。課題には穴埋め問題が用意されている場合があるが、ヒントを見れば何をすれば良いかはわかるようになっている。

　各章には発展課題も用意されている。発展課題はその章までの知識では解けない問題も含まれているため、わからない場合は飛ばして、後から取り組むと良いであろう。どうしてもわからない問題があれば、Web 上に略解があるので参照されたい [1]。

　本書でプログラムを自習する場合でも、必ずプログラムを入力し、実行してみて欲しい。プログラムは座学では身につかないし、何より動くのを見ないと面白くない。本書の課題の多くは結果がグラフや画像、アニメーション等で表示されるように工夫されており、ただ実行してみるだけでも面白いと思う。

　Python を使って実際に何か作業をする場合は、Google Colab ではなく、ローカルにインストールされた Python を使いたくなるであろう。そのために、付録として Python のインストール方法も用意した。

　本書により「プログラミングは面白い」と思う人が増えたならば望外の喜びである。

---

1)　https://kaityo256.github.io/python_zero/answer.pdf

目次

第1章 Python の概要と Google Colab の使い方

1.1 Python の特徴

1.1.1 プログラミング言語

Python とはプログラミング言語の一つである。**プログラミング言語**（programming language）とは、人間がコンピュータに指示をするための言葉であり、非常に多くの種類がある。その中でもPython は、昨今の機械学習ブームもあり、非常に人気のある言語の一つとなっている。ここでは、プログラミング言語とは何か、それがなぜ必要か、実際にプログラミング言語がどのように実行されているのかを見てみよう。

コンピュータは**機械語**（machine language）という言葉しか解さない。機械語は数字の羅列であり、昔は人間が手で書いていたのだが、それは大変なので「もう少し人間からわかりやすい言葉から機械語に翻訳しよう」という試みが生まれた。これがプログラミング言語である。

プログラムの実行方式として、大きく分けて人間の書いたプログラムをその都度翻訳しながらコンピュータに教えるインタプリタ方式と、機械語に全て翻訳してから一気にコンピュータにわたすコンパイル方式があり、前者をスクリプト言語、後者をコンパイラ言語と呼ぶ。ただし、両者の区別は絶対ではない（図 1.1）。

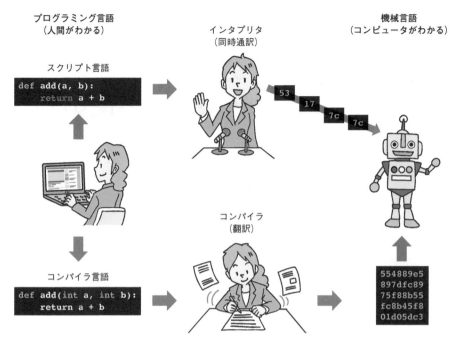

プログラミング言語
（人間がわかる）

スクリプト言語

```
def add(a, b):
    return a + b
```

インタプリタ
（同時通訳）

機械言語
（コンピュータがわかる）

53　17　7c　7c

コンパイラ言語

```
def add(int a, int b):
    return a + b
```

コンパイラ
（翻訳）

```
554889e5
897dfc89
75f88b55
fc8b45f8
01d05dc3
```

図 1.1　スクリプト言語とコンパイラ言語

1.1.2　オフサイドルール

　プログラムは、いくつかの**文 (statement)** でできている。文とはプログラム実行の単位であり、プログラムは文が並んだものとして構成される。プログラムは原則として「上から順番に」実行されていく。しかし、例えば条件分岐などで「A ならば X を、そうでなければ Y を実行したい」ということがあるだろう。この時、なんらかの方法で「X」や「Y」といった「かたまり」を表現しなければならない。いくつかの文で表現された「かたまり」を**コードブロック (code block)**、あるいは単にブロックと呼ぶ。このブロックをどのように表現するかが、プログラミング言語の見た目を決める。Python はブロックを**インデント（indent）**と呼ばれる、行頭の字下げによって表現するのが大きな特徴である。ブロックの表現方法としては、他に**中括弧方式**や**キーワード方式**がある（図 1.2）。

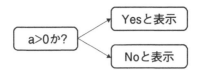

```
C言語
カッコで表現
if (a>0){
puts("Yes");
}else{
puts("No");
}
```

```
Ruby
キーワードで表現
if a > 0 then
puts("Yes")
else
puts("No")
end
```

```
Python
インデントで表現
if a > 0:
    print("Yes")
else:
    print("No")
```

図 1.2　コードブロックの表現方法

　中括弧方式は、C言語、及びC言語に影響を受けた言語が採用している方法であり、コードブロックを中括弧{}で囲んで表現する。例えば「aが正ならYes、そうでなければNoを表示する」プログラムなら、

```
if (a > 0){
  puts("Yes");
}else{
  puts("No");
}
```

と表現する。中括弧で囲まれた部分がブロックとなる。C、C++、Java、C#などのコンパイル言語や、JavaScriptやPerl、PHPといったスクリプト言語など、多くの言語がこの中括弧方式を採用している。

　キーワード方式は、例えばbeginやdo、endといった、あらかじめ決められた言葉（予約語と呼ぶ）によってブロックを表現する方法である。例えばRubyなら、

```
if a > 0 then
  puts("Yes")
else
  puts("No")
end
```

と書ける。ここではthenとelse、elseとendで囲まれた部分がそれぞれブロックである（この例ではthenは省略可能）。この方式の最初の採用例はおそらくALGOLだと思われる。Rubyの他にはBASICやシェルスクリプト、Pascalなどがキーワード方式を採用している。

　前述した2つの例では、コードブロックの中の文頭にいくつか空白が入っていた。これがインデントであり、特にブロックの中に別のブロックが含まれる（ネストする）場合にコードブロックを見やすくするための工夫である。多くの言語では空白は無視される。C言語では改行も無視される（空白とみなされる）ため、先のコードは、

```
if (a > 0){puts("Yes");}else{puts("No");}
```

と書いても同じ意味となる。これでは見づらいため、適宜改行やインデントを入れてプログラムを見やすくすることがよく行われていた。しかし、Python はコードブロックをインデントで表現するため、空白がプログラム上の意味を持つ。先ほどのプログラムを Python で書くと以下のようになる。

```
if a > 0:
    print("Yes")
else:
    print("No")
```

Python ではこのように、「キーワード + コロン (:)」でブロックが始まり、続くブロックはインデントで表現される。インデントは同じ高さなら空白何文字でも、タブ文字でも良いが、同じブロックに含まれる文のインデントが異なるとエラーとなる。

```
print("Hello")
    print("Python") # ←ここで「IndentationError: unexpected indent」というエラーになる
```

このように、インデントでブロックを表現する方法を **オフサイドルール (off-side rule)** と呼ぶ。このオフサイドルールを採用していることが Python の大きな特徴である。

　コードブロックはネストすることがあるが、その度にインデントが深くなる。例えば図 1.3 はフィボナッチ数の計算ルーチンである。

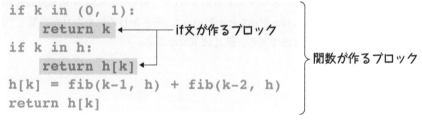

図 1.3　Python のコードブロック

　関数が作るブロックの中に、if 文が作るブロックがネストしており、その文だけインデントが深くなっている。

1.1.3　Python の哲学とコーディングスタイル

　Python に限らず、どのプログラミング言語にも、開発者の設計思想が強く表れる。Python の哲学は、例えば The Zen of Python[1] にまとまっている。全部で 19 あるが、そのうちいくつかを引用

---

1)　https://www.python.org/dev/peps/pep-0020/

してみよう（和訳は筆者による）。

- 美しいことは良いことだ (Beautiful is better than ugly)
- 単純であることは良いことだ (Simple is better than complex)
- しかし、ややこしいよりは複雑である方が良い (Complex is better than complicated)
- ネストは浅い方が良い (Flat is better than nested)
- 読みやすさが正義 (Readability counts)
- 特別な場合を許さない (Special cases aren't special enough to break the rules)
- 純粋さよりは実用を重視せよ (Although practicality beats purity)
- 「いつか」より「いま」(Now is better than never)
- しかし、あわてていまやるよりはやらない方が良いこともある (Although never is often better than *right* now)

　この文章は Python Enhancement Proposals、通称 **PEP** の 20 番として登録されたものだ。PEP とは Python 開発コミュニティやユーザが参照するドキュメントのことで、様々な種類があり、多くのドキュメントが登録されているが、よく参照されるのが Python のコーディング規約を定めた **PEP8**[2) である。コーディング規約とは、コードを書く際の決まりごと、いわばマナーである。Python を貫く哲学の一つに、「誰が書いても同じようになるべし」というものがある。PEP8 に従って書くことで、例えば「人によってインデントの深さや変数名の付け方が異なるので、大きなプロジェクトで流儀が混ざって読みづらくなる」といったことを防ぐことができる。また、バグの発生源となりやすい表記方法を禁止することで、バグの混入を防ぐ、という目的もある。

　PEP8 は実に多くのルールを定めている。その多くは、「処理内容は変わらないが、より好ましい書き方を推奨する」というものだ。例えばある変数が真である時に何かを処理したい場合、

```
if a == True:
    print("True")
```

と冗長に書くより、

```
if a:
    print("True")
```

と書きましょう、といった具合だ。他にも「インデントは空白4文字」「空白の入れ方」「改行の入れ方」など、様々な細かい「マナー」が書いてある。

　Python を学ぶにあたり、とりあえず「マナー」は気にしなくて良いが、実際に Python を使ってコードを書いたり、それを外部に公開したりする場合は気にした方が良いだろう。Python には、コードが PEP8 に従っているかチェックしてくれる pep8 というツールや、コーディングスタイルだけで

---

2) https://www.python.org/dev/peps/pep-0008/

はなく品質チェックもする pylint といったツールがある。広く使われているエディタはほとんどこういったツールとの連携機能があるので、それらを有効にするだけで自動的にコーディングスタイルを守れるようになるはずだ。

1.2　Google Colab の使い方

　本書では、**Google Colaboratory**、略して Google Colab（グーグル・コラボ）を使って Python を学ぶ。Google Colab は Google によるクラウドに用意された Jupyter Notebook（ジュパイター・ノートブック）環境であり、ブラウザさえあれば無料で利用可能である。まずは Google Colab の簡単な使い方を学ぼう。以下、Google アカウントは持っているものとする。

　まず、Google にログインした状態で、Google Colab のウェブサイト[3] にアクセスする。Google アカウントの優先言語が日本語になっていれば日本語で表示されると思うが、もし英語で表示されたら、アカウント設定で日本語に設定する。稀に日本語に設定しても Google Colab や Google ドライブのメニューが日本語にならない場合がある。その際は一度、英語などの別の言語に設定してから日本語に戻すとうまく設定されるようだ。

　正しくアクセスできると、図 1.4 のようなウェルカムメニューが表示される。

図 1.4　Google Colab のウェルカムメニュー

　ここで「ノートブックを新規作成」をクリックしよう。Untitled0.ipynb という名前のファイルが作成され、入力待ちとなる（図 1.5）。

---

3) https://colab.research.google.com

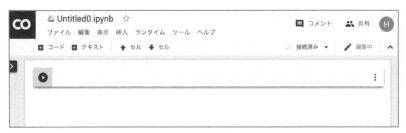

図1.5 新しいノートブックを作成した直後の状態

この三角の矢印のある行に、何か入力してみよう。例えば「3+5」と入力し、「三角ボタンをクリック」するか、「シフトキーを押しながらリターン」を入力する。以下、この動作を「実行する」と呼ぶ。

図 1.6 `3+5` を実行した状態

矢印がしばらくくるくる回ってから、[1] という表記に変わり、答えである 8 が表示されたと思う（図 1.6）。これは、

- 「3+5」という Python のコードがクラウドに送信され
- クラウドで Python が実行され
- その結果である 8 が表示された

ということが起きている。

Jupyter ノートブックは、**セル**（**cell**）と呼ばれる単位で編集を行う。先ほど入力した「3+5」と、結果の「8」がまとめて一つのセルである。実行後、新たなセルが作られ、入力待ちになっている。そこに「a = 12345」と入力して、また実行してみよう。

図 1.7 `a = 12345` を実行した状態

　今度は何も実行結果が出力されない（図 1.7）。これは「a という変数を作成し、そこに 12345 という値を代入せよ」という意味だ。これにより「a」という変数に「12345」という整数の値が記憶されている。これを表示してみよう。次のセルに「print(a)」と入力して実行せよ。

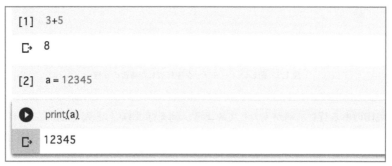

図 1.8　print(a) を実行した状態

　「12345」という表示が得られたはずである（図 1.8）。変数の値を表示するだけなら、「print」は不要である。左上の「+ コード」と書かれたところをクリックし、出てきたセルに「a」とだけ入力して実行せよ。やはり「12345」という表示が得られたはずである。

　さて、ここまでで 5 つのセルができたはずである。これらは自由に編集、再実行することができる。[2] の「a=12345」を修正し、「a=6789」として実行してみよう。その後、4 番の「print(a)」や 5 番の「a」のセルを実行し、出力が変わることを確認せよ。

　不要なセルは削除することができる。セルの右側のメニューから「セルの削除」を選ぶとセルが削除できる。また、上段のメニューの「↑ セル」や「↓ セル」で、セルの順番を入れ替えることもできる。

1.3　Python の概要と Google Colab の使い方

1.3.1　課題 1　Google Colab を使う

　まず、Google Colab へのログインと簡単なプログラムの実行、セルの編集のテストをする。

課題 1-1　Google Colab へのログイン

　https://colab.research.google.com/ にアクセスし、右上に表示された「ログイン」ボタンを押してログインせよ。

課題 1-2　プログラムの動作テスト

　最初のセルに、以下のプログラムを入力し、実行せよ。

```
print("Hello World!")
```

セルの左にある再生ボタンを押すか、セル内で「シフト＋エンターキー」を押すことでそのセルを実行できる。

課題 1-3　プログラムの失敗テスト

「＋コード」を押して、2つ目のセルを表示させ、以下のプログラムを入力し、実行せよ。わざと print を plint と間違って記載している。

```
plint("Hello World!")
```

実行し、NameError が出ることを確認したら、plint を print と修正して、同じセルを再度実行し、正しく実行されることを確認せよ。

課題 1-4　セルの移動、削除

2つ目のセルを一番上に移動させた後、そのセルを削除せよ。

課題 1-5　ファイル名の指定

このノートブックに hello.ipynb という名前をつけて保存せよ。保存されたファイルは Google ドライブに保存される。「ファイル」メニューから「ドライブで探す」を選び、このファイルが見つかることを確認せよ。

1.3.2　課題 2-1　描画プログラム

Google Colab 上で、簡単な描画プログラムを作成、実行してみよう。現在開いているノートを閉じて、新たにノートブックを作成する。「ファイル」メニューから「ノートブックを新規作成」をクリックせよ。新しいノートブックが開かれたら draw.ipynb という名前に変更せよ。

以下、番号はセルの順番を表している。

1. ライブラリのインポート

最初のセルに以下のプログラムを書いて実行せよ。

```
from PIL import Image, ImageDraw
```

これは、イメージ描画ライブラリを利用するよ、という宣言である。ライブラリとは、よく使う機能をパッケージ化したものだ。import 文についてはいまは気にしなくて良い。

2. 描画

```
img = Image.new("L", (256, 256), 255)
draw = ImageDraw.Draw(img)
cx = 128
```

```
cy = 128
r = 96
draw.ellipse((cx - r, cy - r, cx + r, cy + r))
```

　draw.ellipse は、指定された 2 つの座標を左上と右下とする長方形に接する楕円を描く命令である。今回は正方形を入力しているので円を描く命令となっている。正しく入力されていればエラーは出ないはずだが、エラーが出たら、実行してエラーがでなくなるまで修正、実行を繰り返そう。

3. イメージの表示
　3 つ目のセルに以下を入力し、実行せよ。

```
img
```

　これまで正しく入力していれば、白地に黒い線で円が表示されたはずである。エラーが出たり、うまく表示されなかったら、入力したセルの内容を見直そう。

1.3.3　課題 2-2　五芒星の描画
　Jupyter ノートブックは、すでに入力済みのセルを修正することができる。

1. インポートの追加
　1 番目のセルを以下のように修正し、実行せよ。

```
from PIL import Image, ImageDraw
from math import pi, sin, cos # この行を追加
```

　コメントの # この行を追加という文章は入力しなくて良い。3 行目に、math ライブラリから円周率、sin、cos 関数を使うよ、という宣言を追加した。

2. 五芒星の描画
　2 番目のセルの円を描く命令の直後に、以下のようにプログラムを追加しよう。

```
img = Image.new("L", (256, 256), 255)
draw = ImageDraw.Draw(img)
cx = 128
cy = 128
r = 96
draw.ellipse((cx - r, cy - r, cx + r, cy + r))
# ↓ここから追加（このコメントは入力しなくて良い）
N = 5
s = 2 * pi / N
k = N // 2
```

```
for i in range(N):
    s1 = ((i * k) % N) * s - 0.5 * pi
    s2 = s1 + s * k
    x1 = r * cos(s1) + cx
    y1 = r * sin(s1) + cy
    x2 = r * cos(s2) + cx
    y2 = r * sin(s2) + cy
    draw.line((x1, y1, x2, y2))
```

`for i in range(N):` の行を入力して改行すると (行末のコロンを忘れないこと)、カーソルの位置が少し右にずれたはずである。これが **インデント** である。インデントは、プログラムの階層構造を視覚的に表現するのに使われる工夫であったが、Python はそれを言語仕様として取り込んだ。`for i in range(N):` 以下は全て同じインデントの深さに記載すること。そのまま入力していけば正しいインデントになるが、もしずれた場合には、一度左の空白を全て消してからタブキーを一度押せば正しいインデントになる。

　2 つ目のセルの入力が終わったら実行してみよう。この時点ではまだ何も表示されない。

3. イメージの表示

　さて、1 つ目のセルの import 文、2 つ目のセルの描画プログラムが完成し、それぞれ正しく実行できたら、最後に 3 つ目のセル、

```
img
```

を実行してみよう。こちらは修正しないでそのまま再実行すれば良い。実行するには、3 つ目のセルの「三角ボタンをクリック」をクリックするか、クリックしてフォーカスを移してから「シフト + リターン」を入力する。正しく実行できていれば、「黒字に白い丸」のイメージに、五芒星が表示されたはずである。

1.3.4　課題 2-3　N 芒星の描画

　先ほどの 2 つ目のセルの N = 5 の値を 7 や 9 に変えて実行してみよ。51 などと大きな値にするとどうなるだろう？　また、このプログラムは N が偶数の時にはうまく描画できない。プログラムの動作原理を推測し、なぜ偶数で動かないのか考察せよ。

1.3.5　課題 2-4　発展課題

　先ほどのプログラムを N = 6 の時に六芒星が描かれるように修正せよ。

　ヒント：三角形をずらして 2 つ描画せよ。

タッチタイピング

　今後どうなるかはわからないが、少なくとも現時点において最速の情報入力デバイスはキーボードであろう。今後もしばらく重要な入力インタフェースとしてキーボードが使われる見込みである。さて、キーボードを使って情報を入力するためには、指でキーを叩かなければならない。この時、キーボードを見ないでキーを叩くことを「タッチタイピング」と呼ぶ。本書を読んでいる人で、もしまだタッチタイピングができない人がいたら、絶対にマスターした方が良い。よく誤解されるが、タッチタイピングは「キーをすばやく叩く」ためのものではない。もちろんキー入力は速いに越したことはないが、それより重要な役目は **キー入力で肩が凝らないようにする** ことである。今後、どのような職業につくにせよ、その多くはパソコンを使った作業を伴うであろう。この時、正しくない姿勢で打鍵したり、ディスプレイとキーボードの間を忙しく視線移動しながら打鍵していると、そのうちひどい肩凝りに悩まされるようになる。肩凝りに悩まされながら知的作業を行うのはかなり困難である。キーボードの「F」と「J」のキーを見よ。小さな突起があり、手で触ってわかるようになっているであろう。左右の人差し指を「F」と「J」のキーに置くことを「ホームポジション」という。そこから様々なキーを「見ないで」打鍵するのがタッチタイピングである。速く打鍵するのではなく、ゆっくり正確に、手の重さを机に逃がすことを意識しながら打鍵するように心がけよう。一週間も練習すればタッチタイピングができるようになり、一生その恩恵を受けることができる。タッチタイピングは絶対にマスターする価値がある技術の一つである。

第**2**章　条件分岐と繰り返し処理

本章で学ぶこと

☑ for 文による繰り返し処理

☑ if 文による条件分岐

2.1　変数と型

2.1.1　変数

Python に限らず、プログラミング言語には **変数 (variable)** という概念が出てくる。変数は簡単なように見えて、意外に理解が難しい概念である。ここでたとえ話を多用すると一見理解しやすいようにみえて後で混乱する原因になるため、ここでは変数の実装に近いところから説明する。ただし、簡略化してあり、実装そのものではないので注意して欲しい。

計算機とは、メモリにあるデータを CPU で処理して、またメモリに書き戻す機械である。メモリには「番地」という通し番号がついており、例えば足し算なら「0 番地と 1 番地のデータを読み込んで足してから 2 番地に書き込め」といったことを指示する。しかし、いちいちどの値がどこにあるか番地で覚えるのは面倒だ。そこで変数というラベルを使うことにする。以下のプログラムを見てみよう。

```
a = 10
```

これは、a という変数を用意し、そこに 10 という値を代入せよ、という意味だ。実際には、メモリ上に a というラベルを貼り、そこに 10 を書き込む、という処理をする。同様に b = 20 とすると、b というラベルが作られ、そこに 20 が書き込まれる。

```
a = 10
b = 20
```

print という命令を使うと、変数が指す値を確認することができる。

```
print(a) # => 10
```

今後、`# =>` という記号は、「左を実行すると、右の結果が得られるよ」という意味だと約束する。

Jupyter Notebook では、変数名だけを含む、もしくはセルの最後に変数名だけを含むセルを実行すると、その値を確認することができる。

```
a # => 10
```

さて、この状態で `c = a + b` を実行してみよう。まず、右の a+b が評価される。その結果得られた値 30 を c の指す場所に書き込もうとするが、まだ c という変数は作られていないので、まず c の場所が作られてからそこに値が書き込まれる。一方、`a = a + b` を実行した場合は、a の場所はすでに存在するので、その値が更新される（図 2.1）。

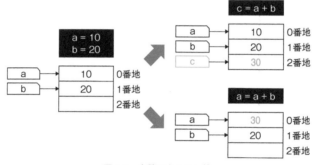

図 2.1　変数による足し算

このように Python では、代入文があった時、その左辺にある変数が未定義なら作成され、定義済みなら値を更新する。

定義されていない変数を使おうとするとエラーになる。

```
a = 10
b = 10
a = c # => NameError: name 'c' is not defined
```

上記の例では、a と b だけ定義された状態で、a に c というラベルの指す内容を代入せよと指示しているが、この時点では c というラベルがないためにエラーになっている（図 2.2）。

図 2.2　NameError

2.1.2　型

　変数とは、メモリにつけられたラベルである。メモリには整数しか保存できないが、プログラムでは小数点を含む数や文字列なども表現したい。そこで、「このメモリの値をどう解釈するか」を指定する必要がでてくる。これが **型 (type)** である。全ての値や変数には型がある。

　例えば、1 が代入された変数は **整数 (int)** の型を持っている。変数の型は type という命令で知ることができる。

```
a = 1
type(a) # => int
```

小数点を含む数字は **浮動小数点数 (float)** になる（2.1.4 節で解説）。

```
b = 1.0
type(b) # => float
```

　ダブルクォーテーションマーク " " やシングルクォーテーションマーク ' ' で囲まれた文字は **文字列 (str)** として扱われる。

```
c = "test"
type(c) # => str
```

　例えば文字列の場合、メモリに 0x74 という数値（以後、頭に 0x がついていたら 16 進数表記）があったなら、それをアルファベット小文字の t と解釈しましょう、という約束を決めておく。変数 c の str という型は、c が指す先のメモリを「文字列として解釈する」という意味を持つ。すると、変数 c が指している 0x74,65,73,74 という数値列が test という文字列として解釈される（図 2.3）。

　同様に、例えば 1.0 という浮動小数点数は、メモリ上では 0x3FF0000000000000 という 8 バイトの数字で表現されている。これをある約束（IEEE754 という規格）に従って解釈すると 1.0 という数値となる。

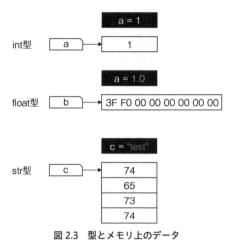

図 2.3　型とメモリ上のデータ

整数や浮動小数点数は四則演算が可能である。同じ型同士の演算は原則としてその型になる。

```
type(1+2) # => int
type(1.0+2.0) # => float
```

ただし、整数の割り算だけ注意を要する。Python では、整数同士の割り算は、例え割り切れる場合でも、値は浮動小数点数になる。

```
4 / 2 # => 2.0
```

割り算の余りを切り捨てた整数値が欲しければ // と、/ 記号を 2 つ続けた演算子を用いる。

```
5//2 # => 2
```

整数型と浮動小数点数型の演算結果は浮動小数点数型になる。

```
print(1+1.0) # => 2.0
type(1+1.0) # => float
```

文字列同士は足し算ができる。

```
"Hello " + "World!" # => "Hello World!"
```

文字列と数値の演算はできない。

```
"1" + 2  # => Type Error
```

int や float で囲むと文字列から整数や浮動小数点数に変換できるので、演算も可能になる。

```
int("1") # => 1
int("1") + 2 # => 3
float("1") + 2 # => 3.0
```

2.1.3 真偽値

真偽値（bool） とは **真（true）** であるか **偽（false）** であるかの二値だけを取る型で、条件分岐など
で使われる。

値を比較すると真偽値になる。条件分岐や、ループの終了条件等に用いる。

```
1 == 1 # => True
1 == 2 # => False
1 != 1 # => False
1 != 2 # => True
1 < 2  # => True
1 > 2  # => False
1.0 < 2.0 # => True
```

== や != は**比較演算子（comparison operator）** と呼ばれるもので、== は両辺が等しい時に真、!=
は両辺が等しくない時に真となる。

また、文字列の比較もできる。

```
"test" == "test" # => True
"hoge" < "piyo" # => True
```

真偽値は、not をつけると真偽値が反転する。

```
not True # => False
not False # => True
```

2つの真偽値を使って論理演算もできる。and は「かつ」、or は「または」を意味する。例えば「真
かつ偽」は「偽」に、「真または偽」は「真」となる。

```
True and False # => False
True or False # => True
```

2.1.4 浮動小数点数

浮動小数点数は「0.1」「123.45」といった、整数ではない値を表現する。整数と同様に四則演算
や比較ができる。

```
0.5 + 0.5 # => 1.0
0.5 * 0.5 # => 0.25
0.5 < 1.0 # => True
```

ただし、浮動小数点数は内部的には **その数値に最も近い近似値** を扱っているため、誤差を持つ。例えば 0.1 を 3 回足しても 0.3 にならないことに注意。

```
0.1 + 0.1 + 0.1 # => 0.30000000000000004
0.1 + 0.1 == 0.2 # => True
0.1 + 0.1 + 0.1 == 0.3 # => False
```

したがって、**浮動小数点数同士の等号比較は信頼できない**。浮動小数点数同士の等号比較は、意図通りに動作しない場合がある。慣れていないプログラマがよく入れるバグなので注意すること。

2.1.5 複素数

Python は複素数も扱うことができる。虚数単位が i ではなく j なので注意。実部は real、虚部は imag で取り出すことができる。また、複素数は整数で記述しても浮動小数点数として扱われることに注意。複素数の宣言は 1+2j のように書くか、complex(1,2) のように書く。

```
1 + 2j # => (1+2j)
complex(1,2) # => (1+2j)
(1+2j) + (2+4j) # => (3+6j)
(1+2j)*(1-2j) # => (5+0j)
(1+2j).real # => 1.0
(1+2j).imag # => 2.0
```

2.2 条件分岐と繰り返し

2.2.1 for による繰り返し処理

繰り返し処理は以下のように書ける。

```
for i in range(10):
    print(i)
```

これは、i の値を 0 から 9 まで変化させながら、print(i) を実行しなさい、という意味である。この繰り返し文を **ループ（loop）** と呼び、ループ中に値が変わりながら繰り返し実行される変数を **ループカウンタ（loop count）** と呼ぶ。for がある文の最後に「コロン」があるが、Python は「コロン」の後にブロックを伴う。for 文では、続くブロックの中身を繰り返し処理する。

ループで繰り返し処理するブロックは何行でも良い。ただし、同じブロックは同じ幅のインデントにしなければならない。

```
for i in range(10):
    j = i * 2
    print(j)
```

ループカウンタに用いる変数には何を使っても良い。例えば以下のようにiの代わりにjを用いても同じ結果となる。

```
for j in range(10):
    print(j)
```

ループカウンタには長い変数名を使っても良い。

```
for abracadabra in range(10):
    print(abracadabra)
```

また、ループカウンタが不要である場合（現在何回目かが必要ない場合）には _ を使う。

```
for _ in range(10):
    print("Hello")  # Hello が 10 回表示される
```

2.2.2 条件分岐

「もし〜なら」という処理を条件分岐と呼び、if文で書く。ifの後ろには真偽値を与えるような式を書く。

```
if 5 > 3:
    print("5>3")
```

if文に書かれた条件が成立した場合に、後に続くブロックを実行する。

「もし〜ならAをせよ、そうでなければBをせよ」という場合にはelse: を使う。

```
if 5 < 3:
    print("A")  # 実行されない
else:
    print("B")  # => B
```

「もし〜ならAをせよ、そうでない場合で〜ならBをせよ」という場合にはelifを使う。

```
a, b = 1, 2
if a == b:
    print("a == b")
elif a > b:
    print("a > b")
```

```
else:
    print("a < b")
```

if 文は入れ子構造にできる。例えば、変数 a が、「5 以下」「5 より大きく 10 未満」「10 以上」の 3 つの領域のどこに存在するか知りたい場合、以下のようなコードを書けば良い。

```
if a > 5:
    if a < 10:
        print("5 < a < 10")
    else:
        print("10 <= a")
else:
    print("a <= 5")
```

条件分岐においては、「どのような入力が来ても、必ずいずれかのブロックが実行されるか」に注意してプログラムを組んで欲しい。例えば、変数 a が正か負かで処理を判定したい場合、

```
if a > 0:
    # 正の時の処理
if a < 0:
    # 負の時の処理
```

と、2 つの if 文で書いてしまうと、a がゼロの時にどちらもすり抜けてしまい、見つけづらいバグの原因となる。これを、

```
if a > 0:
    # 正の時の処理
else:
    # そうでない場合　（負と 0 の可能性がある）
```

最後に else 節をつけておけば、a にどのような値が来ても「どちらか」は必ず実行される。複雑な条件分岐を書く場合は、「X であるか、そうでないか」に分けて if と else で分解していくと「条件漏れ」が発生しづらく安全である。

2.3　ニュートン法

以上の知識で、何かコードを書いてみよう。ある方程式を解きたいが、その解が厳密にはわからないとする。この解を数値的に求める場合によく用いられるのがニュートン法である。
いま、

$$f(x) = 0$$

という方程式を解きたいとする。もし、真の解を x として、それに近い値 $\tilde{x} = x + \epsilon$ があったとする。$f(x)$ を $\tilde{x}$ の周りでテイラー展開すると、

$$f(\tilde{x} - \varepsilon) = f(\tilde{x}) - \varepsilon f'(\tilde{x}) + O(\varepsilon^2)$$

ε の 2 次の項を無視した状態で、$f(\tilde{x} - \varepsilon)$ が 0 となるように ε の値を選ぶと、

$$\varepsilon = \frac{f(\tilde{x})}{f'(\tilde{x})}$$

$\tilde{x} = x + \varepsilon$ であったから、ε を引けば、より真の値に近づくはずである。以上から、

$$x_{n+1} = x_n - \frac{f(x_n)}{f'(x_n)}$$

という数列を得る。これは、

- 現在の解候補 x_n の場所で接線を引き
- 接線と x 軸との交点を次の解候補 x_{n+1} とする

という手続きになっている。

この数列が収束するということは $x_{n+1} = x_n$ なので、$f(x_n) = 0$ が満たされなければならず、それはすなわち x_n が解に収束したことを示す。これを確認してみよう。

いま、$x^3 = 1$ の解を知りたいとする。$f(x) = 0$ の形に書きたいので、$f(x) = x^3 - 1$ である。$f'(x) = 3x^2$ であるから、対応するニュートン法のアルゴリズムは、

$$x_{n+1} = x_n - \frac{x_n^3 - 1}{3x_n^2}$$

である。

さて、$x^3 - 1 = 0$ という方程式の解は、実数の範囲なら $x = 1$ の 1 つしかないが、複素数まで考えれば 3 つ存在し、それぞれ $x = 1, -1/2 \pm \sqrt{3}/2i$ である。では、複素平面上でニュートン法を実行したら、3 つの解を見つけることができるだろうか？ おそらくそれぞれの解に近いところからスタートすればその解に収束すると考えられるが、遠いところからスタートしたらどうなるだろう？ 単純に考えると、複数の解がある場合は初期値に一番近い解に収束すると期待されるが、そうなるだろうか（図2.4）？ 課題では、複素平面上の様々な場所を「初期値」としてニュートン法を実行し、どこに収束したかで色分けして「収束地図」を作ってみよう。

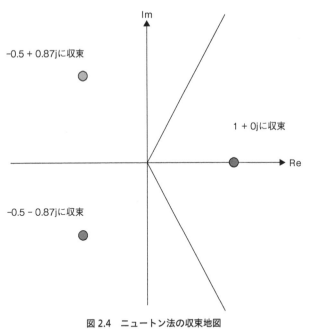

図 2.4　ニュートン法の収束地図

2.4　課題　条件分岐と繰り返し処理

2.4.1　課題 1　ニュートン法の実装

新しいノートブックを開き、newton.ipynb という名前をつけよ。

1. 関数 newton の実装

最初のセルに以下のように入力し、実行せよ。

```
def newton(x):
    for _ in range(10):
        x = x - (x**3 - 1) / (3 * x**2)
        print(x)
```

ここで def newton(x): とあるのは、「newton という関数を定義し、x という名前で値を受け入れるよ」という宣言である。関数については次回紹介するが、ここでは、

- def 関数名 (入力): という形で関数が宣言できる
- 定義した関数名 (入力) という形で呼び出すことができる
- 関数内で return 値とすると、値を返すことができる

ということを覚えておけば良い。

2. 関数 newton の動作確認

初期値として 2.0 を入れてみよう。2 つ目のセルに、以下のように入力、実行せよ。

```
newton(2.0)
```

実行結果が解である 1.0 に近づいていくことがわかるだろう。実際、ニュートン法の収束は非常に早く、一度繰り返すごとに精度が倍になっていく。

3. 複素数の入力（実数解）

$x^3 - 1 = 0$ の解は、実数の範囲では $x = 1$ しかないが、複素数まで考えれば 3 つ存在し、それぞれ $x = 1, -1/2 \pm \sqrt{3}/2i$ である。複素数の場合にもニュートン法が機能することを確認しよう。3 つ目のセルに、以下の入力し、実行せよ。

```
newton(2+0j)
```

先ほどと同じ値だが、複素数として入力している。1.0 に収束するが、表示が複素数になることを確認せよ。

4. 複素数の入力（複素数解）

次は -1 + 1j を入力してみよう。4 つ目のセルに以下のように入力し、実行せよ。

```
newton(-1+1j)
```

$x = -1/2 + \sqrt{3}/2i$ に収束するはずである。

5. 複素数の入力（複素数解の別解）

同様に、5 つ目のセルに初期値として -1-1j を入力してみよう。

```
newton(-1-1j)
```

今度は $x = -1/2 - \sqrt{3}/2i$ に収束するはずである。

2.4.2 課題 2　ニュートン法の収束地図

先ほど、ニュートン法が複素数の場合にも機能し、$x^3 - 1 = 0$ の解を 3 つとも見つけられることを確認した。ナイーブに考えると、複数の解がある場合、初期値に近い解に収束すると考えられる。では、複素平面のどこからスタートしたらどこに収束するだろうか？　単純に 3 分割になるだろうか？

複素平面の様々な場所を初期として、

* `1+0j` に収束したら赤
* `-0.5+0.87j` に収束したら緑
* `-0.5-0.s87j` に収束したら青

に塗ることで、「どの場所からスタートしたらどこに収束するか」という「収束地図」を作ってみよう。

新しいノートブックを開き、newton_map.ipynb という名前をつけて保存してから、以下のプログラムを 4 つのセルに分けて入力せよ。

1. ライブラリのインポート

最初のセルで、必要なライブラリをインポートしよう。入力したら実行するのを忘れないこと。

```
from PIL import Image, ImageDraw
```

2. 関数 newton の実装

2 つ目のセルに、関数 newton を実装しよう。先ほどと異なり、ニュートン法による反復を 10 回繰り返したのちに、収束した値を返す。

```
def newton(x):
    for _ in range(10):
        x = x - (x**3 - 1) / (3 * x**2)
    return x
```

ここで、return x のインデントに注意。x = x - (x**3-1)/(3*x**2) ではなく、for と同じ高さにしなければならない。

3. プロット用の関数 plot の実装

3 つ目のセルに、以下を入力せよ。

```
def plot(draw, s):
    hs = s // 2
    red = (255, 0, 0)
    green = (0, 255, 0)
    blue = (0, 0, 255)
    for x in range(s):
        for y in range(s):
            z = complex(x - hs + 0.5, -y + hs + 0.5) / s * 4
            z = newton(z)
            # ここを埋めよ
            draw.rectangle([x, y, x + 1, y + 1], fill=c)
```

ただし、「ここを埋めよ」の箇所に、

- z の実部が正なら c = red
- z の実部が負かつ虚部が正なら c = green
- z の実部が負かつ虚部も負なら c = blue

を実行するようにプログラムを書くこと。

ヒント 1：z の実部は z.real で、虚部は z.imag で得ることができる。

ヒント 2：if 文は以下のように書ける。

```
if 条件 :
    条件が成立した時に実行したいこと
else:
    条件が成立していない時に実行したいこと
```

例えば、a が正かどうかで処理を分けたいなら、

```
if a > 0:
    print("a は正です ")
else:
    print("a は負か 0 です ")
```

と書ける。

ヒント 3：if 文は多段にできる。

例えば、条件 A と条件 B があった場合、以下のように書ける。

```
if A:
    print(" 条件 A が成立 ")
else:
    if B:
        print(" 条件 A が不成立かつ条件 B が成立 ")
    else:
        print(" 条件 A が不成立かつ条件 B も不成立 )
```

4. 画像の表示

ここまで入力したプログラムを用いて、収束地図を作ってみよう。4 つ目のセルに以下を入力せよ。

```
size = 512
img = Image.new("RGB", (size, size))
draw = ImageDraw.Draw(img)
plot(draw, size)
img
```

　正しく入力できていれば、上記を実行した際に「収束地図」が描けたはずだ。どのような地図になったただろうか？　ニュートン法の繰り返し数が 10 だと原点付近の収束が甘い。20 くらいにして再実行してみよ。逆に 5 に減らすとどうなるだろうか？

▌2.4.3　発展課題　4 次方程式の収束地図

　先ほどは $x^3 - 1 = 0$ の解を考えた。次は $x^4 - 1 = 0$ の解を考えてみよう。この方程式には $x = \pm 1$、$x = \pm i$ の 4 つの解が存在する。この解をニュートン法で探し、「収束地図」を描け。

　ヒント 1：$x^4 - 1$ の時のニュートン法の手続きは以下の通り。

$$x_{n+1} = x_n - \frac{x_n^4 - 1}{4x_n^3}$$

　ヒント 2：以下の 2 つの条件による、合計 4 つの場合分けが必要になる。

- z の実部と虚部の和が正か負か
- z の実部と虚部の差が正か負か

　ヒント 3：色がもう一色必要になる。何色でも良いが、例えば、

```
purple = (255, 0 ,255)
```

を追加せよ。

バグ

　プログラムが何か意図しない動作をする場合、その原因となる箇所をバグと呼ぶ。バグの語源については諸説あるようだ。「i」と「l」と「1」など、似ている文字を誤入力してしまったり、考慮すべきケースを忘れていたり、バグの原因は様々である。単純なバグについては、コンパイラや検査ツールの充実、テスト手法の向上などにより事前に検出できるようになってきた。そんななか、未だによく見かけるバグにオーバーフローバグがある。コンピュータが扱える数字には上限がある。例えば整数は 32 ビットで表現されることが多い。符号無し整数の場合、表現できる最大の数は 4294967295、つまり 43 億ちょっとである。符号付きの場合は、符号に 1 ビット使うので最大の数はその半分になる。この数字を超える、すなわち最大値を取っている変数に 1 を足すと、またゼロに戻ってしまう。オーバーフローバグは、よくタイマー周りに潜む。例えば、ボーイング 787 という飛行機の電源制御システムが、連続して 248 日動作させると不具合を起こすことが報告された。慣れたプログラマなら、「248 日」と聞いた瞬間に「あ、オーバーフローやったな」と気がつく。248 日とは 21427200 秒である。31 ビットで表現できる最大の数は 2147483647 であるから、10 ミリ秒を単位に動作する 31 ビットのクロックが、248 日でオーバーフローしたと考えられる。同根のバグに「497 日問題」とか「49.7 日問題」があるので、興味があれば調べられたい。

　値があふれるのとは逆に、値が 0 になってるのに引き算をすることで値が大きくなるバグもあり、こちらもオーバーフローバグと呼ばれている。有名なのは「突然キレるガンジー」であろう。Civilization という、文明を発展させるゲームがある。歴史上の有名人をプレイヤーとして選び、世界制覇などを目指すゲームである。この中のプレイヤーにガンジーがいた。ガンジーは「非暴力、不服従」の提唱者であり、平和主義者なのであるが、文明がある程度発展すると突如として核攻撃をしかけてくるようになる。原因はオーバーフローバグであった。Civilization では各プレイヤーには攻撃性が設定されており、文明が民主主義を採用すると攻撃性が 2 下がる、という仕組みがあった。さて、ガンジーの攻撃性は最低の 1 なのだが、インド文明が民主主義を採用し 2 を引くと -1 になる。しかし、攻撃性は「符号なし 8 ビット整数」で表現されていたため、1 から 2 を引くと攻撃性最大の 255 になってしまった。こうして「突然キレるガンジー」が誕生した、というものだ。この話は広く信じられていたが、実際にはソフトウェア的にこのようなバグは発生しないと、Civilization の制作者、シド・マイヤー自身が否定している。

　整数の表現できる数値に最大値があることに起因するバグは根深く、発見が難しい。かくいう筆者も、4294967295 回に一度、意図しない動作をするというバグを入れたことがある。43 億回に一度発生するため、研究室の PC では再現せず、スパコンを使った時にだけ稀に発生したため、原因究明に時間がかかった。バグという概念が生まれてかなりの時間がたったが、まだ人類はバグを根絶できていない。

参考：Sid Meier's Memoir! A Life in Computer Games

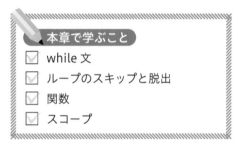

第3章 関数とスコープ

本章で学ぶこと

- ☑ while 文
- ☑ ループのスキップと脱出
- ☑ 関数
- ☑ スコープ

3.1 While 文

「10 回繰り返したい」という場合には for 文が使えるが、「ある条件が満たされている限り繰り返したい」という場合もあるだろう。そんな、事前にループの回転数が分からない場合に使えるのが while 文である。while 文は以下のような構文になる。

```
while 条件 :
    処理
```

例えば、ある変数が正である限り 1 を引きながら表示するプログラムは以下のようになる。

```
a = 10
while a > 0:
    print(a)
    a -= 1
```

Python では、整数は 0 でない限り「真」、「0」は「偽」として扱われるため、以下のように書くこともできる。

```
a = 10
while a:
    print(a)
    a -= 1
```

3.2　ループのスキップと脱出

for や while といった「ループを作る構文」を使っていると、ある条件を満たした時にループをスキップしたり、ループから脱出したくなることがある。それぞれ continue、break で実現できる。

3.2.1　continue

例えば、0 から 9 までの数字を表示するループを考えてみよう。

```
for i in range(10):
    print(i)
```

実行すると、0 から 9 まで表示される。これを、「偶数の時だけ表示する」ようにしたい。そのまま書くと以下のようになるだろう。

```
for i in range(10):
    if i%2 == 0:
        print(i)
```

同じ処理を、「奇数の時だけループをスキップする」という形でも書ける。

```
for i in range(10):
    if not i%2==0:
        continue
    print(i)
```

continue は、「以下の処理をスキップして、次のループに飛べ」という指示文である。やりたい処理を if 文で囲むべきか、やりたくない処理を continue で飛ばすべきかは場合による。

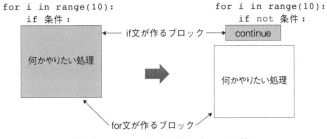

図 3.1　continue による深いブロックの縮小

図 3.1 の左では、ある条件が満たされた時に「何かやりたい処理」を実行しているが、右図では条件が満たされなかったらループをスキップして、スキップされなかった場合に「何かやりたい処理」を実行している。どちらも全く同じ処理を行うが、左は「for 文が作るブロック」の中の「if 文が作

るブロック」が大きいのに対し、右では「if 文が作るブロック」が小さくなり、「何かやりたい処理」が「for 文の作るブロック」に移動している。

　このように、処理の冒頭で条件をチェックし、continue したり return したりすることを**ガード節**と呼ぶ。まるでガードマンが入り口の前に立ち、不要な来訪者を追い払うさまに似ているからだと思われる。人間の頭はネストした構造を正しく把握するのにコストがかかるため、一般に構造のネストは浅い方が良く、深いブロックは小さい方が望ましい。ガード節はそのような深くて大きいネスト構造を防ぐ基本的なテクニックの一つである。

3.2.2　break

　ある条件が満たされたらループを終了したい場合は、break を使う。例えば、所持金 5 万円からスタートし、確率 1/2 で所持金が 1 万円増えるか減るかするギャンブルをしたとしよう。所持金が 0 になったら負け、10 万円になったら勝ちで、いずれも終了とする。そのようなコードは、例えば以下のように書ける。

```python
import random

money = 5

while True:
    money += random.randint(0, 1) * 2 - 1
    if money == 0:
        print("Lose")
        break
    if money == 10:
        print("Win")
        break
```

random.randint(0, 1) は、確率 1/2 で 0 か 1 を返す乱数であり、2 倍して 1 を引くことで、+1 か -1 を返すようにしている。所持金 money にそれを加算し、0 になったら「Lose」と表示して終了、10 になったら「Win」と表示して終了している。

　ここでは while True: でループ構造を作っている。while　条件 : は、条件が満たされている限りループする、というものであった。その条件に True を設定しているので、ループの条件は常に真であり、無限にループが回る。このようなループを**無限ループ**（**infinite loop**）と呼ぶ。無限ループを抜けるには、break もしくは関数からの return、プログラムを終了させる exit() などを使うしかない。もし適切な終了条件を設定せずにループを無限ループにしてしまった場合は、コンソールプログラムなら Ctrl+C を入力、Google Colab 上ならば実行中のセルの四角いボタンを押せば停止できる。

　なお、先ほどと同じプログラムは、break を使わずに while の条件を工夫することでも実現できる。

```python
import random

money = 5
```

```
while 0 < money < 10:
    money += random.randint(0, 1)*2-1

if money == 0:
    print("Lose")
else:
    print("Win")
```

money が 1 から 9 の間にある場合のみループを実行し、この条件を満たさなくなったら while 文を終了するコードである。最終的に money が 0 になったか 10 になったかを確認し、「Lose」や「Win」を表示している。先ほどのコードよりも、このループがどのような条件で実行されるべきかがわかりやすくなっているのがわかるであろう。

先ほどの例では money が 1 から 9 の間にある条件を 0 < money < 10 と書いたが、より Python らしく書くなら range を使って、

```
while money in range(1,10):
    money += random.randint(0, 1)*2-1
```

と書くこともできる。range(x,y) は x 以上 y 未満の数字の範囲を表す。

一般に、等価な制御構造の書き方は複数存在する。例えば終了条件を while の条件に含めるべきか、break で脱出すべきかは場合による。こういった「良いコード」の書き方に興味のある人は『リーダブルコード——より良いコードを書くためのシンプルで実践的なテクニック』[1] という古典的な名著があるので参照されたい。

3.3 関数

Python では、よく使う処理を**関数 (function)** という形で定義し、何度も利用することができる。

```
def sayhello():
    print("Hello!")
```

関数は「def 関数名 (引数):」という形で定義する。関数定義の右側にある「コロン」を忘れないように。Python はコロンの後にインデントによりブロックを作る言語である。

定義した関数は後から何度でも呼ぶこともできる。

```
sayhello() # => "Hello!"
```

---

1) Dustin Boswell, Trevor Foucher 著、角征典 訳、リーダブルコード——より良いコードを書くためのシンプルで実践的なテクニック、オライリー・ジャパン (2012)

　関数にインプットを与えることもできる。このインプットを**引数 (argument)** と呼ぶ（「いんすう」
と間違える人が多いので注意）。

```
def say(s):
    print(s)
```

```
say("Bye!") # => Bye!
```

　関数を実行した結果、値を返すこともできる。返す値は return 文で指定する。

```
def add(a, b):
    return a + b
```

```
add(3, 4) # => 7
```

　関数が返した値を変数に代入することもできる。

```
a = add(1, 2)
print(a) # => 3
```

　4.2 節で学ぶ「タプル」を用いると、複数の値を一度に返すこともできる。

```
def func(i):
    return i, i + 1

a, b = func(5)   # a = 5, b = 6 が代入される。
```

3.4　スコープ

　Python はコードブロックをインデントで表現する言語であり、if や for、while などがブロック
を作ることは既に学んだ。同様に、関数もブロックを作るが、その関数が作るブロック内で宣言され
た変数の有効範囲は、そのブロック内に制限される。この変数の有効範囲のことを**スコープ (scope)**
と呼ぶ。

　最初に述べたように、プログラムの文法やライブラリの使い方の詳細については覚える必要はなく
「なんとなくそういうものがあったなぁ」と覚えておくだけで良い。なぜなら、やり方を忘れてしまっ
ても、例えば関数の定義の仕方を忘れてしまっても、「Python　関数」で検索すればすぐにやり方は
わかるからだ。しかし、「スコープ」については、ここである程度しっかり理解しておいた方が良い。
将来スコープによる「変数の名前解決がらみ」で問題を起こした時、そうと知らなければ「これはス
コープの問題だ」と認識することができないため、適切な検索ワードも思いつかず、自力では解決で
きなくなるからだ。

例えば以下のようなコードを見てみよう。

```python
def func():
    a = 10
    print(a)

func()
print(a)
```

関数 func 内で、変数 a に 10 を代入し、その値を表示されている。その後、関数 func を実行すると 10 が表示され、確かに a に 10 が入っていることがわかるが、その後で a を表示しようとすると NameError: name 'a' is not defined、つまり「変数 a なんて知らないよ」というエラーが出てしまう。このように、関数内で宣言された変数は**ローカル変数 (local variable)** と呼ばれ、その有効範囲は関数内に制限される。特に、ローカル変数が住むスコープを**ローカルスコープ (local scope)** と呼ぶ。

逆に、関数の外で宣言された変数は、関数の中からも見ることができる。

```python
a = 10

def func():
    print(a)

func()
```

このコードは問題なく実行され、10 が表示される。関数の外、つまりインデントがなく、地面に「ベタ」についている場所で宣言された変数を**グローバル変数 (global variable)** と呼ぶ。グローバル変数は**グローバルスコープ (global scope)** に住んでいる。

実は Python には、ここで挙げた「ローカルスコープ」「グローバルスコープ」の他に、「関数内関数のスコープ」「ビルトインスコープ」というものもあるのだが、本書では取り上げない。

この「ローカルスコープ」と「グローバルスコープ」についてとりあえず知っておくべきことは、

- ローカルスコープからグローバルスコープは見える
- グローバルスコープからローカルスコープは見えない

の 2 点である。

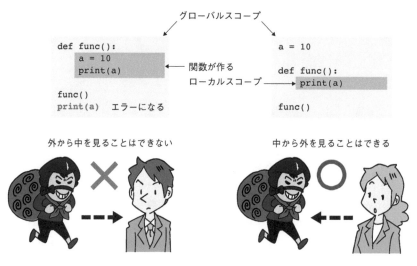

図3.2　グローバルスコープとローカルスコープ

　スコープには直感に反する振る舞いがいくつかあるのだが、ここでは1つだけ将来ハマりそうな例として、ローカルスコープからのグローバル変数の参照と代入の問題について紹介する。こんなコードを考えよう。

```
a = 10

def func():
    a = 20
    print(a)

func()
print(a)
```

このコードは、

- 最初にグローバル変数aに10が代入され、
- 内部で変数aに20を代入して表示する関数funcを実行し、
- 最後にaの変数の値を表示する

というプログラムである。どんな結果になるか想像できるだろうか？

　実はこのコードでは、関数funcを実行しても、グローバル変数の値は変更されない。これはa=20が、関数func内のローカル変数の宣言とみなされるからだ（図3.3）。ここで出てきたfuncやaといった「関数名」や「変数名」を **識別子（identifier）** と呼ぶ。また、ある識別子がどのスコープに属するものであるかを調べる仕組みを **名前解決（name resolution）** と呼ぶ。

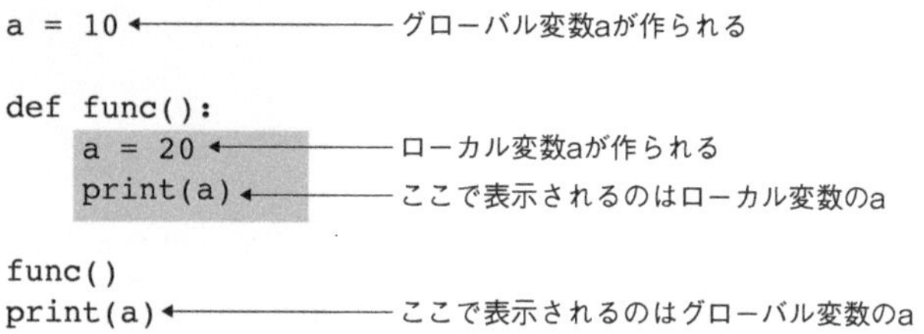

```
a = 10 ←──────────── グローバル変数aが作られる

def func():
    a = 20 ←──────── ローカル変数aが作られる
    print(a) ←────── ここで表示されるのはローカル変数のa

func()
print(a) ←────────── ここで表示されるのはグローバル変数のa
```

図 3.3　ローカル変数によるグローバル変数の上書き

　さて、多くの場合においてこれは意図する動作ではないであろう。ローカルスコープからグローバル変数を修正したい場合、ローカルスコープ内で global 宣言をする。

```
a = 10

def func():
    global a   # 変数 a がグローバル変数であることを宣言する
    a = 20
    print(a)   # => 20

func()
print(a)   # => 20
```

　実行すると、関数内でグローバル変数 a の値を書き換えできたことがわかる。

　しかし、このようなコードはバグの元であり、推奨されない。一般にはグローバル変数を使うことそのものが推奨されず、それに伴って global 宣言の利用も非推奨である。Python には、コードが「ちゃんと」書かれているか確認するツールがいくつかあるが、そのうちの一つである Pylint を使うと、先ほどのコードは「global 宣言を使っているよ」と怒られる。慣れるまでは「グローバル変数はなるべく使わない」「グローバル変数をいじっていておかしくなったらスコープを疑う」ということを覚えておくと良い。

　さて、名前解決の仕組みはプログラミング言語ごとに異なるため、ある言語の内容をそのまま別の言語で書き直した時に思うような動作にならないことがある。例えば、Python は if 文が作るブロックはスコープを作らないが、C 言語はスコープを作る。例えば以下のコードは C 言語ではエラーになる。

```
if (true){
  int a = 10; // 変数 a はこの if 文のみで有効
}
if (true){
  printf("%d\n",a); // 変数 a はここから見えないのでエラー
}
```

　Python の同等なコードはエラーにならない。

```
if True:
    a = 10 # この if 文はスコープを作らない
if True:
    print(a) # ここから変数 a が見える
```

　繰り返しになるが、プログラミング言語には「スコープ」という概念があり、変数がどのスコープに属すか決める仕組みは言語ごとに異なる、ということは覚えておいて欲しい。名前解決がらみで問題が起きた時に、そもそも「スコープ」という単語を知らないと、問題解決が難しくなるからだ。

3.5　課題　関数とスコープ

3.5.1　課題 1-1　ロジスティック写像

　関数と繰り返しを使い、ロジスティック写像を可視化してみよう。ロジスティック写像は、

$$n_{i+1} = rn_i(1 - n_i)$$

という漸化式で定められる写像である。n_i は、ある生物の i 世代目の個体密度 (環境が許す最大の個体数に対する現在の個体数の割合)、r が環境の快適度を表し、大きい方が生物は増えやすい。もし、これが定常状態であれば、$n_{i+1} = n_i = n$ が成り立つから、

$$n = 1 - \frac{1}{r}$$

に落ち着くはずである。この振る舞いを確認してみよう。新しいノートブックを開き、logistic.ipynb と名前を付けよう。

1. インポート

　まずは後で使うライブラリをインポートしておこう。

```
import matplotlib.pyplot as plt
```

2. 関数 logistic の実装

　パラメタ r を受け取って、個体数 n の収束を調べる関数 logistic を実装しよう。

```
def logistic(r):
    n = 0.1
    for i in range(1000):
        n = r * n * (1.0 - n)
        if i > 990:
            print(n)
```

これは、初期値を $n = 0.1$ として、$n \leftarrow rn(1 - n)$ という写像を 1000 回繰り返し、最後の 10 回だけ n を表示する関数だ。

3. 関数 logistic の動作確認

3 つ目のセルで、関数 logistic を実行してみよう。

まずは、$r = 1.5$ を代入してみよう。

```
logistic(1.5)
```

結果が、予想される定常解 $n = 1 - 1/r$ になっているか確認せよ。$r = 2.0$ ではどうか。また、$r = 3.1$ を代入すると、定常解に収束しないはずである。何が起きるか確認せよ。

3.5.2 課題 1-2 ロジスティック写像の可視化

ロジスティック写像は、r が小さいうちは定常解に収束するが、ある値を超えると個体数が振動することがわかった。では、どのような振る舞いをするのか、可視化してみよう。

4. 関数 logistic_plot の実装

ある範囲の r を受け取って個体数の振動を調べる関数 logistic_plot を実装しよう。4 つ目のセルに以下を入力せよ。

```python
def logistic_plot(start, end, x, y):
    for i in range(1000):
        r = (end - start) * i / 1000 + start
        n = 0.1
        for j in range(1000):
            n = r * n * (1.0 - n)
            if j > 900:
                x.append(r)
                y.append(n)
```

5. 関数 plot の実装

logistic_plot の結果を受け取って、グラフに描画する関数 plot を実装しよう。5 つ目のセルに以下を入力せよ。

```python
def plot(start, end):
    x, y = [], []
    logistic_plot(start, end, x, y)
    plt.scatter(x, y, s=0.1)
```

6. 定常状態の表示

では、まずは定常状態に落ち着く領域 $1 < r < 3$ を描画してみよう。6 つ目のセルで以下を実行せよ。

```
plot(1.0, 3.0)
```

7. 振動状態の表示

$r > 3$では、個体数が定常状態にならない。それを見てみよう。7つ目のセルで以下を実行せよ。

```
plot(1.0, 4.0)
```

どんなグラフが現れただろうか？　また、興味のある人は$3.54 < r < 3.58$の領域を拡大してみよう。次のセル（8つ目）で以下を実行せよ。

```
plt.ylim([0.335,0.39])
plot(3.54, 3.58)
```

どんなグラフが現れただろうか？　拡大前のグラフと見比べてみよ。

3.5.3　課題2　コラッツ問題

while 文と関数を使ってプログラムを作ってみよう。題材としてコラッツ問題（Collatz problem）を取り上げる。コラッツ問題とは、以下のようなものである。

- 何か正の整数を考えよ
- それが偶数なら2で割れ
- それが奇数なら3倍して1を足せ
- 以上の処理を数字が1になるまでずっと繰り返せ

例えば「5」を考えよう。これは奇数なので3倍して1を足すと「16」になる。これは偶数だから2で割って「8」、さらに2で割って「4」「2」「1」となる。

コラッツ問題とは「上記の手続きを繰り返した場合、全ての整数について有限回の手続きで1になるか？」というものであり、未だに解決されていない。この問題をプログラムで確認してみよう。新しいノートブックを開き、collatz.ipynb と名前を付けておこう。

1. インポート

まずは最初のセルで、可視化に使うライブラリをインポートしておこう。

```
from graphviz import Digraph
from PIL import Image
```

2. 関数 collatz の実装

与えられた数字に対して、

- 偶数なら 2 で割る
- 奇数なら 3 倍して 1 を足す

という処理を、

- その数字が 1 になるまで

繰り返しながら表示する関数 collatz を作りたい。以下の「条件 1」「条件 2」を埋めて関数を完成させよ。

```
def collatz(i):
    print(i)
    while (条件1):
        if (条件2):
            i = i // 2
        else:
            i = i * 3 + 1
        print(i)
```

インデントに注意。最初の print と 2 番目の print はインデントの位置が異なる。

- ヒント 1:「整数 i の値が a ではない」という条件は i != a と表現できる。
- ヒント 2:整数 i を数 N で割った余りは i % N で求められる。
- ヒント 3:「整数 i が 0 に等しい」という条件は i == 0 と表現できる。

3. 関数 collatz の動作確認

3 つ目のセルで、collatz 関数を呼び出し、所望の動作になっているか確認せよ。例えば初期値として「3」を代入し、以下の数列が得られるだろうか?

```
collatz(3)
```

```
3
10
5
16
8
4
2
1
```

もし正しい結果が得られたら、いろいろな数字を入れて、全て最終的に 1 になることを確認せよ。収束するまでの手続きが長い数を探せ。例えば 27 を入れたらどうなるだろうか。

4. 関数 collatz_graph の実装

コラッツ数列を可視化するための関数 collatz_graph を実装しよう。条件 1、条件 2 は先ほどと同じものを入力せよ。

```
def collatz_graph(i, edges):
    while (条件1):
        j = i
        if (条件2):
            i = i // 2
        else:
            i = i * 3 + 1
        edges.add((j, i))
```

5. グラフの作成

5 つ目のセルに以下を入力、実行せよ。

```
def make_graph(n):
    g = Digraph(format='png')
    edges = set()
    for i in range(1, n+1):
        collatz_graph(i, edges)
    for i, j in edges:
        g.edge(str(i), str(j))
    g.attr(size="10,10")
    g.render("test")
    return Image.open("test.png")
```

これは、1 から n までの数についてコラッツ数列を作りつつ、すでに出現した数字になったら、そこに「つなぐ」ことでグラフにする関数である。

6. グラフの表示

実際にコラッツ数列のグラフ表示をさせてみよう。以下を入力、実行せよ。

```
make_graph(3)
```

ここまで正しく入力されていれば、何か木構造のグラフが表示されたはずである。コラッツ予想とは、このグラフがいかなる場合も木構造、つまりループ構造がないことを主張するものである。グラフの表示に成功したら、いろんな数字を make_graph に入れて実行してみよ。20 ぐらいがちょうど良いと思うが、27 に挑戦しても良い。なお、図のサイズが小さすぎる場合は、

```
g.attr(size="20,20")
```

とすると、生成されるイメージのサイズが大きくなるため見やすくなる。

3.5.4 発展課題 拡張コラッツ問題

コラッツ予想には様々な変種がある。例えば、

- 何か正の整数を考えよ
- それが偶数なら 2 で割れ
- それが奇数なら 3 倍して 3 を足せ
- 以上の処理を数字が **1 か 3** になるまでずっと繰り返せ

というものである。これもやはり有限回の手順で止まるらしい（こちらも未解決問題）。これを確認してみよう。

課題 2 で作成した collatz.ipynb をコピーして使おう。「ファイル」メニューから「ドライブで探す」をクリックせよ。「マイドライブ」の「Colab Notebooks」に「collatz.ipynb」があるはずである。それを右クリックし「コピーを作成」を選ぶと「collatz.ipynb のコピー」というファイルが作成されるので、それを右クリックして「名前を変更」を選び、「collatz2.ipynb」という名前にしよう。「collatz2.ipynb」が作成されたら、右クリック→「アプリで開く」→「Colaboratory」を選ぶことで開くことができる。

「collatz2.ipynb」が Google Colab で開かれたら、

- 数字が 1 か 3 になったら終了とする
- 奇数だったら 3 倍して 3 を足す

となるように関数 collatz_graph を修正せよ。

- ヒント：「条件 X かつ Y」は、if X and Y: で、「条件 X もしくは Y」は、if X or Y: で表現できる。

修正したら、全てのセルを実行してから、例えば make_graph(5) を実行せよ。make_graph(50) ではどうなるだろうか。1 に収束する数字と 3 に収束する数字があるはずだ。1 に収束するのはどういう数字かについて考察せよ。

数論

　コラッツ予想に代表されるような、「整数がこの条件を満たすか？」のような問いを扱うのが整数論（数論）である。一般に数論は「問いを理解するのはやさしいが、その解決は極めて難しい」という性質を持つ。ガウスの「数学は科学の女王であり、数論は数学の女王である」という言葉は有名だ。数論の中でも特に有名なのは「フェルマーの最終定理」であろう。これは「3 以上の自然数 n について、$x^n + y^n = z^n$ を満たす自然数の組 (x, y, z) は存在しない」という定理である。フェルマーはフランスの弁護士であったが、余暇に行った数学で大きな功績を残し、「数論の父」とも呼ばれる。彼は趣味でディオファントスの著作『算術』の注釈本を読み、その余白に有名な注釈を書き込んだ。その多くは後に証明、もしくは反証されたが、一つだけ証明も反証もされずに残ったのが「フェルマーの最終定理」である。フェルマーが「フェルマーの最終定理」を記述した横に「私はこの定理の驚くべき証明を手に入れたが、ここに書くには余白が足りない」と書いたのは有名である。アンドリュー・ワイルズは、7 年の間、秘密裏にこの問題に取り組み、1995 年に解決した。フェルマーによる提唱から証明に至るまで、実に 360 年かかっている。数論の面白さは、整数しか扱わないにもかかわらず、そこに幾何や解析がからんでくることである。

　数論は入門しやすく、一方で極めて奥が深いため、その難しさ、美しさに魅せられて人生を捧げる人も多い。2011 年 5 月にコラッツの弟子が「コラッツ予想を解決した」という論文を投稿した。しかし、すぐに証明の不備が見つかり、6 月に撤回された。その論文（https://preprint. math.uni-hamburg.de/public/papers/hbam/hbam2011-09.pdf）には、

　The reasoning on p. 11, that "The set of all vertices (2n,l) in all levels will contain all even numbers 2n ≧ 6 exactly once." has turned out to be incomplete. Thus, the statement "that the collatz conjecture is true" has to be withdrawn, at least temporarily.（11 ページにある証明は不完全であることがわかった。したがって、『コラッツ予想は真である』という主張は、いまのところは撤回する）

とある。最後の「at least temporarily（いまのところは）」に悔しさがにじむ。サイモン・シンは、こうした数学の未解決問題へ取り憑かれることを熱病にたとえた。フェルマーの最終定理に取り憑かれるフェルマー熱、ポアンカレ予想に取り憑かれるポアンカレ熱などが有名だが、この 2 つは近年解決した。しかし、コラッツ予想は未解決であり、今後もコラッツ熱の感染者を生み続けるのであろう。

　このような数学の話に興味のある人は『数学をつくった人びと[2]』をおすすめする。数学という、一種無味乾燥にも思える学問の構築の裏に、様々な人間ドラマがあったことを知れば、数学を学ぶ楽しさも増えるに違いない。

---

[2]　E. T. ベル 著、田中勇、銀林浩 訳、数学をつくった人びと、早川書房（2003）

第4章 リストとタプル

本章で学ぶこと
☑ リスト
☑ タプル
☑ 値のコピーとリストのコピーの違い
☑ 参照の値渡し
☑ リスト内包表記

4.1 リスト

　プログラムを組んでいると、何かひとまとまりのデータをまとめて保持し、処理したい場合がある。そのようなデータ構造を表現するのが**リスト（list）**である。他の言語では**配列（array）**と呼ばれることもある。

　リストは [] の中に、カンマで区切って表現する。例えば、

```
[1,2,3]
```

とすると、整数の 1,2,3 を含むリストができる。また、

```
["A","B","C"]
```

とすると、文字列のリストができる。リストにはどんなものも入れることができる。また、異なる種類のものを混ぜて入れることもできる。

```
["A", 1, 1.0]
```

変数にリストを代入することもできる。

```
a = [1, 2, 3]
```

リストの要素には、[] でアクセスできる。例えば a の最初の要素が欲しい場合は a[0] とする。カッコの中の数字を**インデックス（index、添え字）**と呼ぶ。言語によって、添え字が 0 始まりの場合と 1 始まりの場合がある。Python は 0 始まりである。

```
a = [1,2,3]
a[0] # => 1
```

要素に値を代入することができる。

```
a = [1,2,3]
a[1] = 4
a # => [1,4,3]
```

リストは入れ子にすることもできる。

```
a = [[1,2],[3,4],5]
```

入れ子になったリストは、添え字を複数指定することで要素を得ることができる。

```
a = [[1,2],[3,4],5]
a[0] # => [1,2]
a[0][1] # => 2
```

リストの長さは len という関数で取得できる。

```
a = [1,2,3]
len(a) # => 3
```

2 つのリストを結合することができる。

```
[1,2] + [3,4,5] # => [1,2,3,4,5]
```

要素を追加する場合は append を使う。

```
a = [1,2]
a.append(3)
a # => [1,2,3]
```

リストを append する場合には注意が必要である。

```
a = []
b = [1,2]
a.append(b)
a.append(b)
```

とすると、見かけ上 a は 2 行 2 列の行列のように見える。

```
print(a) # => [[1, 2], [1, 2]]
```

しかし、要素に含まれる 2 つのリストは同じものであるから、一方を修正するともう一方も影響を受ける。

```
a[0][0] = 4
print(a) # => [[4, 2], [4, 2]]
```

なぜこうなるかは、4.4 節「リストのメモリ上での表現」を学べば理解できるであろう。

リストに要素が含まれるかどうかは、in で調べることができる。

```
a = [1,2,3]
1 in a # => True
4 in a # => False
```

リストの要素を順番に取り出しながら、全ての要素について処理をしたい場合、for と in を使う。

```
a = ["A", "B", "C"]
for i in a:
    print(i)
```

4.2　タプル

タプル (tuple) は、複数の値の組を表現するデータ構造である。タプルはカンマで区切られた値で表現されるが、紛らわしい時には丸カッコ () で囲む。

```
a = 1, 2, 3
a # => (1, 2, 3)
```

タプルはリストと同様に len で長さを得たり、添え字で要素を得ることができる。

```
a = 1, 2, 3
a[0] # => 1
len(a) # => 3
```

タプルの結合もできる。

```
(1,2) + (3,4) # => (1,2,3,4)
```

このようにタプルはリストに似ているが、一度作成されたタプルは修正できない。

```
a = (1, 2, 3)
a[1] = 4 # => 'tuple' object does not support item assignment
```

タプルは関数で複数の値を返したい場合によく使われる。

```
def func():
    return 1, 2

func()  # => (1,2)
```

タプルを使って、複数の変数を一度に初期化することができる。

```
a, b = 1, 2
a # => 1
b # => 2
```

以下のようにすると、変数の値の交換ができる。

```
a, b = b, a
```

タプルのリストを作ることもできる。

```
a = [(1,2), (3,4)]
```

その場合、例えば0番目の要素を以下のように変数に代入できる。

```
a = [(1,2), (3,4)]
x, y = a[0] # x = 1, y = 2になる
```

4.3　enumerate

for x in a: という構文で、リスト a のそれぞれの要素 x について処理をすることができる。しかし、たまに「要素の値」と、「その要素がリストの何番目にあるか」の情報が両方欲しい場合がある。その時に使うのが enumerate だ。リスト a について、enumerate(a) とすると、要素のインデッ

クスと要素の内容をペアで受け取ることができる。

例えば、こんなことができる。

```
a = ["A", "B", "C"]
for i, x in enumerate(a):
    print(i, x)
```

ここでは、インデックスを i で、要素を x で受け取っている。実行結果はこうなる。

```
0 A
1 B
2 C
```

リストとタプルについて覚えておきたいことは他にもいろいろあるが、それは必要に応じて説明していくことにしよう。

4.4 メモリ上でのリストの表現

さて、リストがメモリ上でどのように表現されているか見てみよう。すでに、「変数とはラベルである」と学んだ。これはリストにおいても変わらないが、リストは複数の要素を含むため、リストを表すラベルは「リストの先頭位置」を指す。

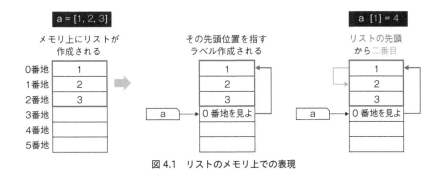

図 4.1　リストのメモリ上での表現

例えば、a = [1, 2, 3] という命令を見てみよう（図 4.1）。これは、

- メモリ上に [1, 2, 3] というリストを作成し、
- その先頭位置を指す場所を作成して、そこに a というラベルをつける

という操作から構成される。ここで、a が「リストの先頭そのもの」ではなく、「リストの先頭を指す場所」を指していることに注意。この仕様から、リストをコピーする際には注意が必要となる。

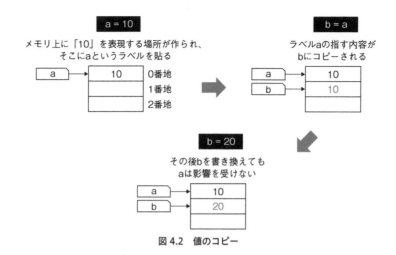

図 4.2　値のコピー

　まず、普通の変数のコピーを見てみよう（図 4.2）。例えば 10 という値を指す変数 a を b にコピーし、その後 b に 20 を代入する操作を考える。

```
a = 10
b = a
b = 20
```

この時、

- a = 10：メモリ上に「10」を表現する場所が作られて、そこに a というラベルを貼る
- b = a：a の指す値をコピーしてから、そこに b というラベルを貼る
- b = 20：b の指す値を 20 に書き換える

という操作が行われている。

　次に、リストのコピーを見てみよう。[1, 2, 3] というリストを指す変数 a を b にコピーし、その後 b[1] = 4 と、リストを修正する操作を考える。すると、実際にはコピー元の a が指すリストも修正されている。この操作のメモリ上での表現を見てみよう（図 4.3）。

　まず、b = a として他の変数にリストをコピーすると、整数などの場合と同様に、「ラベルの指している場所の値をコピーして、そこにラベルを貼る」という操作が行われる。この時コピーされるのは「リストの先頭の場所」という情報であるから、a と b のラベルは同じリストを指すことになる。したがって、b を通じてリストを修正すると、a が指すリストも修正されることになる。

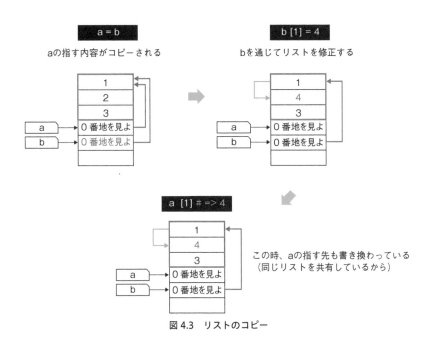

図4.3 リストのコピー

さて、同じリストを指している変数a、bがある時、bに異なるリストを代入してみよう（図4.4）。

```
a = [1, 2, 3]
b = a
b = [4, 5, 6]
```

　以後、aとbは異なるリストを指すようになるため、bを修正してもaは影響を受けなくなる。これはb = aを実行した時点ではaとbは同じリストを指しているが、b = [4, 5, 6]を実行すると、まずメモリ上に[4, 5, 6]を表現するデータが作られ、その後bの指す内容が新しく作られたリストの先頭の場所となるため、aとbが無関係になるためである。

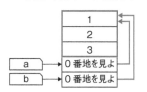

aとbは同じリストを指している

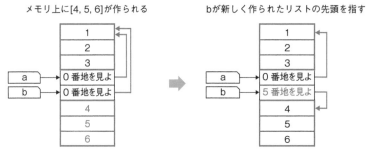

図 4.4　コピー後のリストの代入

　リストを指す変数は、リストそのものではなく、リストの先頭の場所を記録した情報を指している。このように、値そのものではなく、「この場所を見よ」というような情報を **参照（reference）** と呼ぶ。

4.5　参照の値渡し

　第 3 章で「関数」を学び、第 4 章では「リスト」を学んだ。これにより、関数の引数としてリストを受け渡せるようになった。この時、注意すべきことがある。まず、関数の引数は、関数が作るブロック内だけで有効なローカル変数である。グローバル変数と同じ名前をつけても、別の変数として扱われる。

　こんなコードを見てみよう。

```
def func(a):
    a = 2
```

```
a = 1
func(a)
print(a) # => 1
```

　関数 func は、引数として変数 a を受け取る。この時、a の値がコピーされ、「関数内のローカル変数 a」が作成される。この変数 a は関数内だけで有効なので、関数内で値を変更しても、外部の変

数である a に影響は与えない。このような情報の渡し方を **値渡し（call by value）** と呼ぶ。

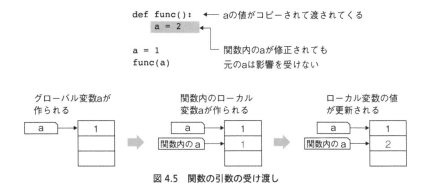

図 4.5 関数の引数の受け渡し

このように、関数の引数としてグローバル変数と同じ名前を使ったり、関数内でグローバル変数と同じ名前のローカル変数を宣言しても、グローバル変数とは別の変数として扱われる（バグの原因となるので推奨されない）。また「関数の引数は値がコピーされてから渡される」ことは覚えておいて欲しい。

次に、関数の引数としてリストを渡してみよう（図 4.6）。リストを表す変数は、リストの「先頭」を指していることは既に説明した。それ以外は先ほどと同じで、関数の引数は、値がコピーされて渡される。

```
def func(a):
    a[1] = 4


a = [1,2,3]
func(a)
print(a) # => [1,4,3]
```

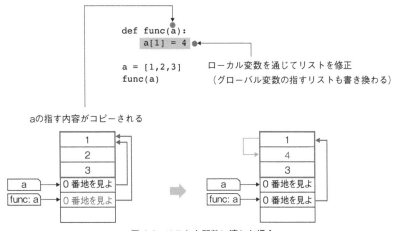

図 4.6 リストを関数に渡した場合

　先ほど説明した、リストのコピーをした時とまったく同じことが起きて、関数内でリストを修正すると、関数の外部でもリストが修正される。

　また、引数として受け取ったリストに、あらたにリストを代入すると、それは関数ローカルだけで有効になり、外部のリストに影響を与えなくなるのも理解できるであろう（図4.7）。

```python
def func(b):
    b = [4,5,6] # bにあらたなリストを代入

a = [1,2,3]
func(a)
print(a) # => [1,2,3] aは影響を受けない
```

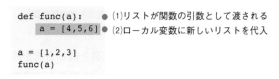

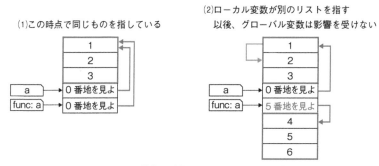

図4.7　関数内で引数にリストを代入した場合

　このように、関数の引数に値をコピーして渡す方法が**値渡し**である。Pythonは関数には値がコピーして渡されるため、値渡しとなる。また、リストを指す変数は、リストの値そのものではなく、リストの先頭の場所を指している。このような値の持ち方が**参照**である。

　リストを指す変数を関数に渡す時、「リストの先頭の場所」という「参照」の「値」をコピーして渡すので、**参照の値渡し（call by sharing）**と呼ばれる。いずれにせよ、やっていることは変数の値をコピーして渡しているだけであるが、その変数が参照であるかどうかによって挙動が異なるように見える。この仕組みを完全に理解する必要はないが、将来この問題に直面した時に「参照の値渡し」という言葉や仕組みを知らないと問題解決が難しくなるため、ここではぼんやりと「そういう問題もある」と覚えておいて欲しい。

4.6　リスト内包表記

大量のレポート　　　　採点　　　　採点結果

図 4.8　大量のレポートを採点する教員

日常業務において、何かまとまったデータを受け取り、それに何か処理をして、まとまったデータとして返す、という処理は非常に多い。例えば講義でレポートを出したら、全員分のレポートを受け取り、それを採点して、それぞれに成績をつける、という処理をしなければならない。同様に、プログラムでも、何かリストを受け取り、そのリストに何か処理をして、新しいリストを作成する、という処理をすることが多い。

簡単な例として、整数のリストを受け取って、要素を全て 2 倍にしたリストを作成するようなコードを書こう。普通にループを回すとこのように書けるであろう。

```
source = [0,1,2]
result = []
for i in source:
    result.append(i*2)
```

Python には**リスト内包表記（list comprehension）**という表記法があり、上記のコードは以下のように書ける。

```
source = [0,1,2]
result = [2*i for i in source]
```

リスト内包表記は、

```
[ 新しいリストの要素 for 元のリストの要素 in 元のリスト ]
```

という書き方をする。リスト内包表記は「後ろから」読むのがコツである（図 4.9）。つまり、

```
[2*i for i in source]
```

という内包表記は、

- source というリストに含まれる
- それぞれの要素 i について
- 2*i を要素とするような新しいリストを作ってください

という意味となる。

（リスト内包表記法）

[新しいリストの要素 for 元のリスト要素 in 元のリスト]

（リスト内包表記法は「後ろから」読む）

[2*i for i in source]

(1) source というリストに含まれる(in source)
(2) それぞれの要素 i について(for i)
(3) 2*i を要素とするような新しいリストを作ってください

図 4.9　リスト内包表記

もちろん source のところに直接リストを入れてしまって、

```
result = [2*i for i in [0,1,2]]
```

としてもかまわない。また、range を使って、

```
result = [2*i for i in range(3)]
```

と書くこともできる。リスト内包表記は「Python らしい」書き方で、使い方によってはスマート
に書けるが、使いすぎると可読性を損なうこともあるため、バランスよく使って欲しい。

4.7　コッホ曲線

リストやタプルについて学んだので、それを利用して「コッホ曲線」を描画してみよう。コッホ曲
線とは図 4.10 のような図形である。

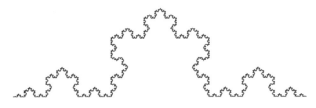

図 4.10　コッホ曲線

名前を知らなくても、その形は見たことがあるかもしれない。この曲線は、以下のような手続きで作成される。

1. まず線分を用意する
2. 線分を三等分する
3. 中央の線分を、正三角形の形に盛り上げる

この手続きをすると、1本の線分が4本の線分に変換される。こうしてできた4本の線分のそれぞれに同様な手続きを繰り返すと、コッホ曲線ができあがる（図4.11）。

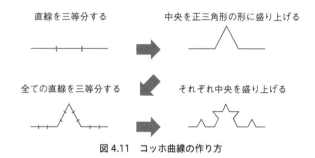

図4.11　コッホ曲線の作り方

コッホ曲線は、再帰を使って描画するのが自然だが、今回はリストとタプルを駆使してコッホ曲線を描くプログラムを組んでみよう。

コッホ曲線は、全てつながった線分から構成されている。したがって、ある点から、次の点へのベクトルの集合とみなすことができる。さて、あるベクトルが与えられた時、それをどのように変換したいかを表現したベクトルのリストを与えて変換することを考える（図4.12）。

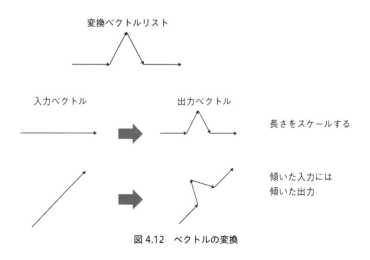

図4.12　ベクトルの変換

　コッホ曲線では、最初に x 方向に伸びた長さ 1 の線分がある。これを 2 次元ベクトル $(1,0)$ で表現する。これを入力したら $(1/3,0)$, $(1/6,\sqrt{3}/6)$, $(1/6,-\sqrt{3}/6)$, $(1/3,0)$ の 4 つのベクトルに変換したい。ここで、最初に与えたベクトルと、変換で与えたベクトルの始点から終点の長さが等しいことに注意せよ。ただ、変換リストを、長さを考えながら与えるのは面倒だ。変換リストとして $(1,0)$, $(1/2,\sqrt{3}/2)$, $(1/2,-\sqrt{3}/2)$, $(1,0)$ を与えたら、長さを自動調節するようにしよう。また、傾いたベクトルを入力したら、傾いた 4 つのベクトルにする。

　このような変換プログラムを書いたら、最初にタプルのリスト `[(1,0)]` を入力すると、それを変換した 4 つのタプルのリストに変換され、さらにそれを変換したら 16 個のタプルのリストに変換され……と、この処理を繰り返すことでコッホ曲線を表現するベクトルのリストを作ることができる。以下、そのプログラムを少しずつ作っていこう。

4.8　リストとタプル

4.8.1　課題 1　コッホ曲線の描画

新しいノートブックを開き、koch.ipynb という名前にせよ。

1. ライブラリのインポート

　1 つ目のセルでは、必要なライブラリをインポートする。ここでは math ライブラリの平方根 sqrt と、描画に必要なライブラリをインポートしている。

```
from math import sqrt
from PIL import Image, ImageDraw
```

2. ベクトルの和の長さ

　長さの自動調節のため、変換ベクトルのリストが与えられたら、始点と終点を結ぶベクトルの長さを求めよう。変換ベクトルリストは、タプルのリストとして与える。例えば `[(1,0),(0,1)]` のようなリストが与えられた時に、$\sqrt{2} \sim 1.414$ を返すような関数 length を実装したい。

　これは要するに、ベクトルのリストを受けとって、そのベクトルの和を計算してから、得られたベクトルの長さを返す関数を作れば良い。2 つ目のセルに以下を入力せよ。

```
def length(a):
    x, y = 0, 0
    for (dx, dy) in a:
        x += dx
        y += dy
    return sqrt(x**2 + y**2)
```

ここで a は、タプルのリスト、例えば [(1,0),(0,1)] のような入力を想定している。for (dx, dy) in a: は、リスト a に含まれるタプルを直接 (dx, dy) というタプルで受け取るという意味で、冗長に書けば、

```
for ai in a:
    dx, dy = ai
```

と同じ意味である。

入力したら、3つ目のセルを使って動作確認をしよう。以下を実行してみよ。

```
a = [(1, 0), (0, 1)]
length(a)
```

次のような表示がなされれば正しく入力されている。

```
1.4142135623730951
```

確認が終わったら、3つ目のセルを削除すること。

3. タプルからリストを作成

次に、入力ベクトルを、変換ベクトルリストに基づいて変換することを考えよう。処理は以下の通りである。

- 入力ベクトルの長さと変換ベクトルリストの長さの比 scale を求める
- 入力ベクトルの傾き角度 θ の sin と cos の値を求める
- 変換ベクトルリストに含まれるベクトルそれぞれについて、scale 倍して θ だけ傾けたものをリストに追加する

以上を実現する以下のコードを、3つ目のセルに入力せよ。

```
def convert(a, b):
    ax, ay = a
    alen = sqrt(ax**2+ay**2)
    c = ax/alen
    s = ay/alen
    scale = alen/length(b)
    b = [(scale*x, scale*y) for (x, y) in b]
    b = [(c * x - s* y, s *x + c * y) for (x, y) in b]
    return b
```

上記を実装したら、4つ目のセルで動作確認をしよう。

例えば入力として (0,1) というベクトルを、変換リストとして [(1,1),(1,-1)] というリストを与えたら、[(-0.5, 0.5), (0.5, 0.5)] という出力が得られなくてはならない。

```
a = (0,1)
b = [(1,1),(1,-1)]
convert(a,b)
```

```
[(-0.5, 0.5), (0.5, 0.5)]
```

正しい動作が確認できたら、テスト用のセルを削除しておこう。

4. タプルのリストそれぞれに適用

いま、「ベクトルをタプルとして与えられたら、変換ベクトルリストに従って、タプルのリストに変換する関数」を convert として実装した。これを使えば、「タプルのリスト」が与えられた時、それぞれのタプルに convert を適用した結果をまとめたリストを作る関数 apply は簡単に実装できる。

以下を4つ目のセルに入力せよ。

```
def apply(a, b):
    r = []
    for i in a:
        r += convert(i, b)
    return r
```

入力したら動作確認しよう。5つ目のセルに以下を実行し、結果が正しいことを確認せよ。

```
a = [(1,0),(0,-1)]
b = [(1,1),(1,-1)]
apply(a,b)
```

```
[(0.5, 0.5), (0.5, -0.5), (0.5, -0.5), (-0.5, -0.5)]
```

動作確認ができたら、テスト用のコード（5つ目のセル）は削除して良い。

5. 線の描画

ベクトルのリストが与えられたら、描画するのは難しくない。与えられたベクトルの通りに線を描画すれば良い。ただし、線を描画したら、次に描画する始点を、現在の終点に取り直す必要がある。

以下のプログラムを、5つ目のセルに入力せよ。

```
def draw_line(draw, a, size):
    x1, y1 = 0, 0
    for (dx, dy) in a:
```

```
x2 = x1 + dx
y2 = y1 + dy
draw.line((x1, size/2- y1, x2, size/2 - y2), fill=(255, 255, 255))
x1, y1 = x2, y2
```

これは、ベクトルのリストを受け取り、そのベクトルの通りに線を描画する関数である。

6. 画像の表示

では、最後に描画してみよう。以下のコードを 6 つ目のセルに入力せよ。

```
size = 512
N = 1
img = Image.new("RGB", (size, size))
draw = ImageDraw.Draw(img)
a = [(size, 0)]
b = [(1, 0), (0.5, sqrt(3.0) / 2), (0.5, -sqrt(3.0) / 2), (1, 0)]
for _ in range(N):
    a = apply(a, b)
draw_line(draw, a, size)
img
```

ここまで正しく入力できていれば、上向きの三角形が 1 つ表示されたはずだ。これはコッホ曲線の 1 段階目の変換をした画像である。

できていたら、N の数字を 1 つずつ増やしてみよ。最大でも 5 くらいにとどめておくこと。

4.8.2　課題 2　オリジナルのフラクタル曲線

6 つ目のセルの b のリストに好きなベクトル列を入れて、オリジナルのフラクタル曲線を作成せよ。例えば、繰り返し数を N=1 としてから、

```
b = [(1,0),(0,1),(1,0),(0,-1),(1,0)]
```

として描画し、繰り返し数を増やした場合にどんな図形になるか想像してみよ。想像した後に N=5 に変えて描画し、想像と合致していたか確認せよ。

4.8.3　発展課題　色付きフラクタル曲線

コッホ曲線の線分に色を塗るプログラムを組んでみよう。まずは 1 色で塗るプログラムを書く。

7. 線に色を塗る

7 つ目のセルに、色付きの線を塗る関数 draw_line_color を入力せよ。

```
def draw_line_color(draw, a, colors, size):
    x1, y1 = 0, 0
    for i, (dx, dy) in enumerate(a):
        x2 = x1 + dx
        y2 = y1 + dy
        c = colors[0]
        draw.line((x1, size/2- y1, x2, size/2 - y2), fill=c)
        x1, y1 = x2, y2
```

これは、色のリスト colors を受け取るが、その最初の要素 colors[0] だけを使って色を塗るコードになっている。

8. 色付きのフラクタル図形

8 つ目のセルに、draw_line_color を使った描画プログラムを書いてみよう。

```
size = 512
N = 1
img = Image.new("RGB", (size, size))
draw = ImageDraw.Draw(img)
a = [(size, 0)]
b = [(1, 0), (0.5, sqrt(3.0)/2), (0.5, -sqrt(3.0)/2), (1, 0)]
c = [(255, 0, 0), (0, 255, 0), (0, 0, 255)]
for _ in range(N):
    a = apply(a, b)
draw_line_color(draw, a, c, size)
img
```

成功したら、赤一色になったはずである。ここから、線を 1 本書くたびに色を変えながら描画するコードに修正せよ。

- ヒント 1 : 修正するのは draw_line_color 関数である。
- ヒント 2 : リスト colors のサイズは len(colors) で取得できる。
- ヒント 3 : ループカウンタ i を、リスト colors のサイズで割った余りを活用せよ。
- ヒント 4 : ある数 i を 3 で割った余りは i % 3 で得ることができる。

完成したら、オリジナルのフラクタル図形も色付きにしてみよ。

4.8.4　内包表記

リスト内包表記を使うとコードを簡潔に書くことができる。先ほど書いた convert 関数を見てみよう。

```
def convert(a, b):
    ax, ay = a
```

```
alen = sqrt(ax**2+ay**2)
c = ax/alen
s = ay/alen
scale = alen/length(b)
b = [(scale*x, scale*y) for (x, y) in b]
b = [(c * x - s* y, s *x + c * y) for (x, y) in b]
return b
```

bに関してリスト内包表記を使っている部分がある。

```
b = [(scale*x, scale*y) for (x, y) in b]
b = [(c * x - s* y, s *x + c * y) for (x, y) in b]
return b
```

これは、

- タプルのリストbの要素(x,y)それぞれについて、まず(x,y)をそれぞれscale倍したリストを作成せよ
- そうしてできた新しいリストbの要素(x,y)それぞれについて、(c * x - s* y, s *x + c * y)という変換(回転行列の演算)をしたリストを作成せよ
- できたリストをbに返せ

という意味だ。毎回bに上書き代入していることに注意。

これを、for文で書くとこのようになるだろう。

```
r = []
for (bx, by) in b:
    bx *= scale
    by *= scale
    nx = c * bx - s * by
    ny = s * bx + c*by
    r.append((nx, ny))
return r
```

これは、

- rという空リストを作成しておく
- bの要素を(bx, by)というタプルで受け取る
- bx, byの要素をそれぞれscale倍する
- nx = c * bx - s * by、ny = s * bx + c*byという変換(回転行列の演算)をして
- 得られた(nx, ny)というタプルをrに追加し
- rを返す

　という処理をしている。リスト内包表記を使うと、for 文が消え、かつ「リストにどのような処理を施しているのか」が明確になったのがわかるであろう。しかし、なんでも内包表記を使いすぎると、逆に何をやっているかの手続きがわかりづらくなる場合もある。リスト内包表記を使った方が良いか、素直に for で回した方が良いかは場合によるので、なんでもかんでも内包表記を使おうとせず、どちらが良いか毎回考えながら決めること。

OS を作ってミュージシャンになった人

普段、Windows が入っているパソコンを使うことが多いであろう。Windows とは OS (Operating System) の一種である。OS とは基本ソフトとも言われ、ユーザとハードウェアの仲立ちをする非常に重要なソフトウェアだ。マイクロソフトは MS-DOS という OS の成功から急成長した会社だが、現在は Windows という OS を開発している。さて、Windows には様々な種類があるが、2006 年にリリースされた「Windows Vista」という OS があった。筆者は Vista がプリインストールされたノート PC を購入したが、Vista のあまりのひどさに「これを開発したのは誰だ？」と思って調べてみたら、開発責任者は Vista の発売翌日にマイクロソフトを退職し、ミュージシャンになっていた。彼の名前はジム・オールチン。Windows 95 を作るはずの人物であった。

1994 年。マイクロソフトの CEO、ビル・ゲイツは「指先で情報を」という基調講演を行った。当時マイクロソフトは Windows 3.1 の後継となり、Apple の洗練された OS に対抗できる次世代 OS がぜひとも必要であった。そのために進められていたのが「Cairo」というプロジェクトであり、そのリーダーがジム・オールチンであった。しかし、Cairo の進捗は悪く、これと別に「Chicago」というプロジェクトが走り出した。最終的に Cairo は Chicago に破れ、Chicago が「Windows 95」としてリリース。Windows 95 は大ヒットし、市場におけるマイクロソフトの立場を盤石なものにした。

マイクロソフトはコンシューマ向けである Windows 95 とは別に、サーバ向けに安定動作する Windows NT の開発も進めていた。そのストーリーは『闘うプログラマー』[1] に詳しいのでぜひ読んでみて欲しい。コンシューマ向けに使いやすい 95 ファミリと、サーバ向けに安定している NT、その両方の良さを受け継いだ OS が Windows XP で、これまたヒット、Windows ユーザを一気に増やすことに成功した。

2001 年、XP のリリースと同時に、ジム・オールチンをリーダーとして XP の後継となる OS 開発プロジェクトが始まった。コードネームは Longhorn、後の Vista である。Vista は当初、XP のマイナーバージョンアップという位置付けであったが、いつのまにか野心的な機能が次々と追加され、プロジェクトは膨れ上がっていった。もともと 2001 年にリリースされた XP の後を継いで 2003 年頃にリリースされるはずだったが、リリース延期を重ねていく。そして 2005 年頃にどうにもならなくなり、プログラムの作り直しを決断する (Longhorn Reset)。そこから 1 年でなんとか Vista はリリースされたが、約束された先進的な機能はほとんど実装されず、Vista プリインストールマシンは Windows XP へダウングレードができるようにされるなど市場からも不評であり、マイクロソフトは OS のリリース計画を大幅に変更せざるを得なくなった。

ジム・オールチンは、Cairo で実現できなかった「指先で情報を」というスローガンを Vista で実現しようとしたのだろうか。Vista で約束され、実装されなかった機能の多くは、Cairo で実現しようとしていたものと重なるものが多い。ジム・オールチンの公式サイトには「私のマイクロソフトでの最大の貢献はサーバービジネスだ」とあり、その経歴には、キャリアのほぼ全てで関わったはずの Cairo と Vista の名前はない。

---

1)　G・パスカル・ザカリー　著、山岡洋一　翻訳、闘うプログラマー、日経 BP（2009)

第5章 文字列処理

本章で学ぶこと
- ☑ 文字列処理
- ☑ 辞書
- ☑ 正規表現
- ☑ 形態素解析
- ☑ ワードクラウド

5.1　文字列と文字コード

5.1.1　文字とは何か

　今回は文字列処理を扱う。文字列処理とは文字列を何か処理することであり、文字列とは文字の列であるから、文字列処理のためには、「そもそも文字とは何か」を知らなければならない。プログラムの世界において「文字とは何か?」は極めて非自明で難しい問題であり、筆者もきちんと説明できる自信がない。ここでの説明は必ずしも実際の歴史に沿っていないことに注意されたい。

　例えばいま、画面上に「あ」というひらがなが表示されているとしよう。計算機が扱えるのは数字だけである。したがって、メモリ上になんらかの数字が格納されており、それを処理することで画面に対応する文字が表示される仕組みがある。以前、「型」とはメモリ上のデータをどのように表現するかを約束する役割があると学んだ。例えば test という文字列は、メモリ上では「0x74 65 73 74」という4バイトの文字列として表現される。このように、アルファベットや数字は、7ビットの数字で表現される。7ビットの情報が表現できるのは 2^7 個、すなわち128個までである。アルファベットの大文字小文字、数字、記号などはこれで収めることができる。これらを **ASCII（American Standard Code for Information Interchange、アスキー）文字**、ASCII文字に対応する「数字」を **ASCII コード（ASCII code）** と呼ぶ。メモリに格納されるのはアスキーコードである。

　さて、計算機で日本語、すなわちひらがなやカタカナ、漢字を表示したい、というニーズがある。どうすれば良いだろうか?　そのためには、なんらかの方法で文字に数字を割り当てなければならない。そして、割り当てた数字をメモリに格納する必要がある。さらに、文字を表示するためには、「どの文字がどんな形をしているか」を計算機が知っていなければならない。以上の概念をまとめてみよう（図5.1）。

図 5.1 文字とは何か

まず、我々が「あ」文字を思い浮かべる時、もしかしたら自分の思い浮かべている「あ」と他人の思い浮かべている「あ」の形は違うかもしれない。しかし、紙に書かれた「あ」を見れば、よほど汚い字でなければ誰もが「あ」であると認識するであろう。このように「ある文字の持つ共通的な特徴」を**字体 (glyph)** と呼ぶ。言ってみれば字体は「字のイデア」である。

次に、その字体になんらかの番号を振る必要がある。日本語はひらがな、カタカナ、漢字と多くの文字を持つので、使う番号の種類も多くなる。例えば Unicode では、日本語の「あ」に 3042 番という番号を与え、これを「U+3042」と表記する。これを**文字コード (character code)**、もしくは**コードポイント (code point)** と呼ぶ。

コードポイントが決まったら、それをどのようにメモリに格納するかを決めなくてはいけない。これを**符号化 (encoding)** と呼ぶ。文字コードと符号化方法が一体化している場合もあるが、Unicode においては、UTF-8、UTF-16、UTF-32 と、異なる符号化方法が用意されている。昨今のマシンの 1 バイトは 8 ビットであり、8 ビットで表現できるのは 256 種類であるが、当然ながら日本語は256 種類に入り切らないので、必然的に複数のバイト列を用いて日本語を表現することになる。例えば「あ」は、UTF-8 を用いると「E3 81 82」の 3 バイトで表現される。

最後に、メモリに格納された文字情報をディスプレイに表示するためには、文字の形を知っている必要がある。これを字形もしくは**書体 (font)** と呼ぶ。例えば計算機には多数のフォントが用意されており、「MS ゴシック」の「あ」と「遊教科書体」の「あ」は、字体は同じだが字形が異なる。

5.1.2 文字コード

日本語を表現する文字コードは、大きく分けて「JIS、シフト JIS、EUC」が存在していたが、現在は Unicode(UTF-8) に統一されつつあり、将来は文字コードの知識は不要になるかもしれない。しかし、まだ Unicode 以外の文字コードを使った文書がある。例えば今回扱う「青空文庫」の文字コードはシフト JIS である。歴史的な意味もあるので、ここで少し文字コードについて触れておくのも良いであろう。

まず、シフト JIS は Microsoft 等が規定した文字コードで、MS-DOS、そして Windows で採用されている。日本語を 2 バイトで表現するため、「2 バイト文字」と呼ばれることが多い。ASCII 文字と日本語が混在する文書においてもエスケープ文字を挿入しないで済むなどの利点があるが、2 バイト文字の 2 バイト目に重要な記号（円記号もしくはバックスラッシュ）が出現することがあり、これがディレクトリの区切りやエスケープ文字と解釈されて誤動作を起こすことがあった。特に「表」

という文字は、シフト JIS では 0x955c となるが、この 5c が円記号ないしバックスラッシュと同じアスキーコードであるため、よく文字化けの原因となった（図 5.2）。

EUC-JP は Extended UNIX Code Packed Format for Japanese の略であり、その名の通り UNIX で広く使われた。こちらは日本語文字の範囲が 0x80 - 0xFF の範囲にある。これはビットで表現すると、最上位ビットが必ず 1 になっていることから、最上位ビットが 0 となるアスキー文字と区別がしやすかった。ただし、半角カナはシフト JIS では 1 バイトで表現できたが、EUC-JP では 2 バイトを要し、漢字の中には 3 バイト必要とするものもあった。

JIS コードは、正式には「ISO-2022-JP」と呼ばれ、電子メール等のために広く使われた文字コードである。こちらは、文字列を表すバイト列の最上位ビットが必ず 0 になる、という特徴を持っている。太古の昔、インターネットを流れる「文字列」は、最上位ビットが 0 でなければならない、というルールがあった。インターネットは情報を「リレー」することで世界中のどことでも通信が可能となるネットワークだが、その途中で「8 ビット目を落とす」マシンがあったらしい。そのため、8 ビット目が 0 でない文字コードを使うと文字化けの原因となるため、「電子メールは ISO-2022-JP を使わなければならない」というルールがあった。

図 5.2　文字コード

このように、日本語ですら様々な文字の符号化方式があり、文字コードは混乱していた。他にも世界でそれぞれ独自のコードがあり、それらを切り替えながら表示する必要があった。特に、複数種類の文字コードが混在する文書の表示には問題があった。そこで、「世界で統一した符号化方法を作ろう」という動きが出てくるのは自然であろう。これが**ユニコード（Unicode）**である。文字コードは無限に面倒事があり、厳密な話をするのが難しいので、以下はざっくりした話だと承知されたい。まず、文字を表現するためには、「文字に背番号をつける」「背番号をつけた後で、それをどのようなバ

イナリに落とすか、エンコード方法を指定する」の2ステップを踏む必要がある。

ユニコードは、まず文字に背番号をつける。この背番号をコードポイントと呼ぶ。例えばひらがなの「あ」のコードポイントは3042であり、これを「U+3042」と表記する。

次に、この数字をどのようなバイナリ列に表すか（エンコード方法）だが、ここではUTF-8を例に取ろう。UTF-8では、よく使われる日本語は3バイトで表現される。UTF-8では、一番最初に「この文字を何バイトで表現するか」を、連続するビット列で表現する。例えば3バイトならば「1110」というビット列である。その後、2バイト目以降は頭の「10」が予約されており、それ以降が文字を表現するビットとなる。つまり、ビット構造としては以下のようになっている。

```
1110AAAA
10BBBBCC
10CCDDDD
```

AAAABBBBCCCCDDDD は、ユニコード4桁のビット表現である。例えばひらがなの「あ」は「U+3042」だが、その4つの数字をそれぞれビット表現すると、

```
0011
0000
0100
0010
```

これを先ほどの AAAABBBBCCCCDDDD にはめ込むと、「E3 81 82」となり、これがひらがなの「あ」、コードポイント U+3042 を UTF-8 で符号化したものとなる（図5.3）。ユニコードの符号化方法には、他にも UTF-16 や UTF-32 などがあるが、仕様はともかく、そのあたりの事情は入り組んでいるのでここでは深入りしない。

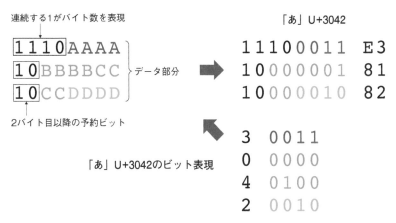

図 5.3　UTF-8 による「あ」の表現

5.2 辞書

　Python にはリストという、複数の要素をまとめるデータ構造があった。リストは、要素をインデックスと呼ばれる数字でアクセスする。すなわち、リストは「数字」と「要素」を結びつけるデータ構造であるといえる。それに対して、数字以外の何かと要素を結びつけるデータ構造が**ハッシュ（hash）**である。スクリプト言語ではリストに加えて、ハッシュ、もしくは連想配列というデータ構造がデフォルトで用意されていることが多い。ハッシュは Python では **辞書（dictionary）**と呼ばれる。リストは、要素が順番に並んでおり、要素はインデックスでアクセスできた。それに対して、辞書は**キー（key）**と呼ばれるもので要素にアクセスする。数字、文字列の他、タプルなど様々なものをキーにできる（キーはイミュータブルでなければならないという制約があるが、ここでは触れない）。また、リストと同様になんでも要素にできる。

5.2.1 辞書型の使い方

　辞書型は中カッコ {} で初期化する。

```
d = {}
```

　辞書は例えば「文字列」と「整数」を結びつけることができる。

```
d["Apple"] = 158
```

　結びつけたデータは、キーを入力することで取得することができる。

```
print(d["Apple"]) # => 158
```

　初期化時にキーと要素を指定することができる。この時「キー : 値」という形で与える。

```
d = {"Apple": 158, "Banana" : 198, "Orange" : 100}
```

　数字でもタプルでもなんでもキーにすることができる。また、なんでも要素にすることができる。

```
d[1] = "one"
d[(1,2)] = (2,4)
```

　辞書に対して for 文を回すと、キーを取得することができる。

```
for k in d:
    print(k)
```

```
key
1
(1,2)
```

このキー k を使って、d[k] とすれば要素を取得することもできる。

```
for k in d:
    print(d[k])
```

```
data
one
(2, 4)
```

キーと要素を両方同時に取得するには、items() を用いる。

```
for k,v in d.items():
    print(k,v)
```

```
key data
1 one
(1, 2) (2, 4)
```

5.2.2 defaultdict

辞書は、「存在しないキー」を指定するとエラーになる。

```
d["new"]
```

```
KeyError: 'new'
```

しかし、「存在しないキー」を指定した時に、デフォルトの値があると便利なことがある。そういう場合に使うのが collections.defaultdict だ。以下のようにインポートして使う。

```
from collections import defaultdict
```

例えば、デフォルトの値として「0」を持つような辞書を作るには以下のようにする。

```
d = defaultdict(int)
```

defaultdict には、「実行時に初期化する関数」を渡すことで辞書型を作るのだが、ここでは詳細は触れない。デフォルトの値として「0」を持つ辞書型を作れると、例えば「出現するものの頻度をカウントする」ことが簡単にできる。例を挙げよう。

```
from collections import defaultdict
d = defaultdict(int)
s = "すもももももももものうち"
for c in list(s):
    d[c] += 1
for k, v in d.items():
    print(k, v)
```

```
す 1
も 8
の 1
う 1
ち 1
```

　辞書を使って単語や何かの頻度を数えるというシチュエーションにはわりと出会うので、覚えておくと役に立つことが年に数回くらいあることだろう。

5.3　正規表現

　正規表現（regular expression）という言葉を聞いたことがあるだろうか。もしかしたら、身近にちょっと「つよめ」のプログラマがいて、正規表現で文字列の置換をしているのを見たことがあるかもしれない。例えば、Vim 等を使っており、「#」で始まる行を削除するのに、慣れたプログラマなら以下を実行する。

```
:%g/^#/d
```

　他にも、以下のような文章があったとしよう。

```
text = ' 隴西《ろうさい》の李徴《りちょう》は博学｜才穎《さいえい》、天宝の末年、若くして名を虎榜《こぼう》
に連ね、ついで江南尉《こうなんい》に補せられたが、性、狷介《けんかい》、自《みずか》ら恃《たの》むところ顔《す
こぶ》る厚く、賤吏《せんり》に甘んずるを潔《いさぎよ》しとしなかった。'
```

　これは中島敦という作家の『山月記』という小説の冒頭だが、途中で「《……》」という形でルビが振ってある。これをテキストから削除したいとしよう。ナイーブに実装するなら、

- 文字を一文字ずつ処理し
- 《と》に囲まれた状態であるかを判定し
  - 囲まれた状態ならスキップ
  - 囲まれていなければ表示する

といったアルゴリズムになるだろう。例えばプログラムは次のようになる。

```
in_bracket = False
for s in list(text):
    if in_bracket:
        if s == '〉':
            in_bracket = False
        continue
    if s == '〈':
        in_bracket = True
        continue
    print(s, end="")
print()
```

しかし、正規表現を用いると以下のように簡単に実現できる。

```
import re
print(re.sub(r'〈.*?〉', '', text))
```

以下が実行結果だ。

隴西の李徴は博学｜才穎、天宝の末年、若くして名を虎榜に連ね、ついで江南尉に補せられたが、性、狷介、自ら恃むところ＞ 頗る厚く、賤吏に甘んずるを潔しとしなかった。

　これらに出てきた呪文のような文字列「^#」や「〈.*?〉」が正規表現である。文字列処理をする上で、正規表現は欠かせない。正規表現を使えるとちょっとかっこいい（※個人の感想です）ので、ぜひマスターしよう。

　正規表現には、**マッチ（match）**という概念がある。文字列をパターンとして与え、入力文字列の中でそのパターンにマッチする場所を探す、というのが正規表現の基本動作となる。例えば、文字列そのものは、同じ文字列にマッチする。マッチする場所を探すには、reモジュールのsearchを用いる。

```
text = 'hanamogera'
m = re.search(r'moge', text)
```

　上記の例は、「hanamogera」という文字列から、「moge」という文字列を探せ、という命令である。正規表現を表す文字列の頭にはrをつけるが、ここでは深入りしないので、そういうものだと思っていて欲しい。searchはマッチした場合、Matchオブジェクトを返すが、そのspan()メソッドによりマッチした場所がわかる。

```
m.span() # => (4, 8)
```

　span()はマッチした場所をタプルとして返すため、それを使って部分文字列を抜き出すことができる。

```
s, e = m.span()
text[s:e]  # => 'moge'
```

もしくは単に、group() でマッチした文字列を取り出すこともできる。

```
m.group()  # => 'moge'
```

group() を用いると、グループ化させた時にそれぞれのグループにアクセスできるのだが、ここでは詳細には立ち入らない。

さて、より柔軟なパターン検索のために、正規表現では様々な特殊な文字、**メタ文字 (metacharacter)** がある。まずよく使うのが「どのような一文字にでもマッチする」メタ文字、「.」である。例えば「.bc」というパターンは、「abc」という文字列にも「xbc」という文字列にもマッチする。

次によく使うのが、繰り返しを表す「*?+」だ。それぞれ以下のような意味を持つ。

- * 直前のパターンが 0 回以上繰り返す場合にマッチ
- ? 直前のパターンが 0 回か 1 回だけの場合にマッチ
- + 直前のパターンが 1 回以上繰り返すマッチ

正規表現にはこれらのメタ文字が頻出するため、一見「呪文」のように見えるが、ゆっくり読み解いていけば難しくはない。いくつか例を挙げよう（図 5.4）。

- 「.*bc」：なんでも良いが、何か文字が 0 個以上あり、その後「bc」という文字列が続くような文字列。
    - bc → bc にマッチ
    - xxxbc → xxxbc にマッチ
    - xxxbcyyy → xxxbc にマッチ
- 「.?bc」：なんでも良いが、何か文字が 0 個か 1 個あり、その後「bc」という文字列が続くような文字列。
    - bc → bc にマッチ
    - xxxbc → xbc にマッチ
    - xxxbcyyy → xbc にマッチ
- 「.+bc」：なんでも良いが、何か文字が 1 個以上、その後「bc」という文字列が続くような文字列。
    - bc → マッチしない
    - xxxbc → xxxbc にマッチ
    - xxxbcyyy → xxxbc にマッチ

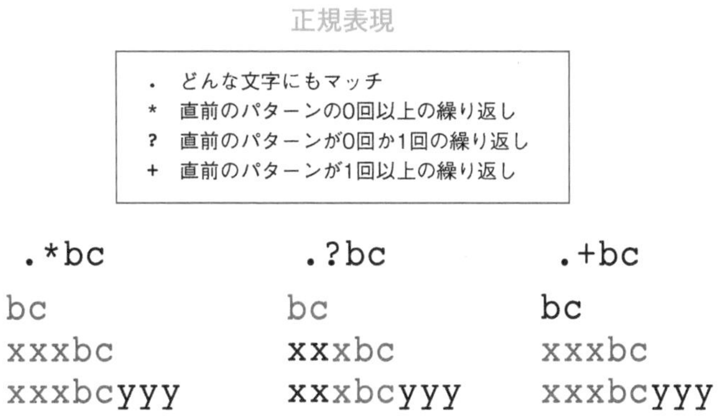

正規表現
. どんな文字にもマッチ
* 直前のパターンの0回以上の繰り返し
? 直前のパターンが0回か1回の繰り返し
+ 直前のパターンが1回以上の繰り返し
.*bc
bc
xxxbc
xxxbcyyy
.?bc
bc
xxxbc
xxxbcyyy
.+bc
bc
xxxbc
xxxbcyyy

図 5.4 正規表現の例

他によく使うメタ文字は「行頭」と「行末」を表す ^ と $ である。例を挙げよう。

- ^#.*: 文頭に「#」があり、それ以後は何があっても良いような文字列。
  - #hoge fuga → #hoge fuga にマッチ
  - hoge #fuga → 文頭に # がないのでマッチしない
- fuga$: 文末に fuga があるような文字列
  - hoge fuga → fuga にマッチ
  - fuga hoge → マッチしない

正規表現には他にも様々なメタ文字や機能が存在するがここでは深入りしない。興味を持ったら調べてみて欲しい。

正規表現とは
文字列の集合を一つの文字列で表現する方法
正規表現
正規表現が表すパターンを持つ文字列集合
a.e
abe
aae
ace
ade
aae
academic

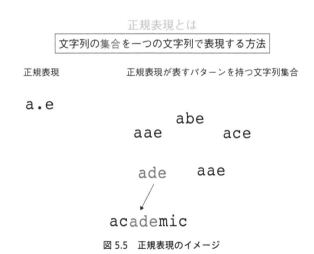

図 5.5 正規表現のイメージ

　正規表現とは、一言でいえば「あるパターンを持つ文字列の集合を、1 つの文字列で表現する手段」のことである（図 5.5）。ここで、正規表現について覚える必要は全くない。ただ、正規表現で表された文字列が、多数の文字列を含む文字列集合を表現しており、その文字列集合の 1 つを発見した時に「マッチする」と呼ぶ、とぼんやり覚えておけば良い。

　正規表現がよく使われるのは置換である。特定の文字列にマッチした場合、マッチした部分を別の文字列に置換したい、ということがよくある。この時、re モジュールの sub を用いる。sub は、置換したい文字列のパターン、置換文字列、入力文字列を与える。最初の例を見てみよう。

```
import re
text = ' 隴西《ろうさい》の李徴《りちょう》は博学｜才穎《さいえい》、天宝の末年、若くして名を虎榜《こぼう》
に連ね、ついで江南尉《こうなんい》に補せられたが、性、狷介《けんかい》、自《みずか》ら恃《たの》むところ頗《す
こぶ》る厚く、賤吏《せんり》に甘んずるを潔《いさぎよ》しとしなかった。'
print(re.sub(r' 《.*?》 ','',text))
```

　これは、「《と》に囲まれた文字列」にマッチし、それを空文字列 '' に置換、すなわち削除することで、ルビの情報を削除している。ただし、《.*》とすると最初の《から最後の》までマッチしてしまうので、?をつけて最短マッチを指定している。

5.4　ワードクラウド

　文字列処理を利用し、ワードクラウドを作ってみよう。ワードクラウドとはタグクラウドとも呼ばれ、文中の出現頻度の高い単語を強調して表示しつつ、多くの単語を詰め込んで、重要なキーワードをわかりやすく可視化する手法である。例えば、本書の冒頭の「Python の概要と Google Colab の使い方」の文章から単語を取り出してワードクラウドを作ると図 5.6 のようになる。

図 5.6　ワードクラウドの例

単語を羅列しているだけなのだが、重要な単語が大きく強調されており、なんとなく文章のキーワードが読み取れる気がしてくるであろう。本書では、青空文庫からテキストを取得してワードクラウドを作成してみよう。

5.5 文字列処理：課題

5.5.1　課題1　形態素解析

ウェブから情報を取得し、形態素解析をしてみよう。形態素解析とは、与えられた文章を意味を持つ言葉の最小単位（形態素）に分解することだ。ここでは「青空文庫（https://www.aozora.gr.jp/）」からテキストを取得し、そのテキストを解析してみる。青空文庫は著作権が消滅した作品か、著者が許諾している作品のテキストをウェブ上に公開している電子図書館である。

具体的な作業は以下の通りである。

- 青空文庫から、zip ファイルをダウンロードする
- zip ファイルを展開し、文字コードを変換する
- MeCab を使って形態素解析し、一般名詞のみを取り出す
- 一般名詞の頻度分布を取得し、利用頻度トップ10を出力する

このようにウェブから何か情報を抽出する技術を **ウェブスクレイピング（web scraping）** と呼ぶ。今回の作業は、ウェブスクレイピングのうちもっとも単純なものである。

注意：ウェブスクレイピングは、相手のサーバに負担がかからないように注意しながら行うこと。例えば「指定のパス以下のファイルを全て取得する」といった作業は厳禁である。また、利用規約によってそもそもウェブスクレイピングが禁止されているサービスもある（例えば Twitter など）。その場合はサービスが提供している API を通じて情報を取得することが多い。

新しいノートブックを開き、aozora.ipynb として保存し、以下の課題を実行せよ。

1. aptitude のインストール

まず、Debian のパッケージ管理ソフトウェアである aptitude をインストールする。最初のセルに以下を入力、実行せよ。冒頭の「!」を忘れないこと。

```
!apt install aptitude
```

最後に「Processing triggers for libc-bin (2.27-3ubuntu1) ...」などと表示され、実行が終了したら完了である。

2. MeCab のインストール

次に、先ほどインストールした aptitude を使って MeCab と必要なライブラリをインストールす

る。最後の -y を忘れないように。

```
!aptitude install git make curl xz-utils file -y
!aptitude install mecab libmecab-dev mecab-ipadic-utf8 -y
```

出力の最後に

```
done!
Setting up mecab-jumandic (7.0-20130310-4) ...
```

などと表示されれば完了である。

3. MeCab の Python バインディングのインストール

最後に、MeCab の Python バインディングをインストールする。

```
!pip install mecab-python3==0.7
```

最新版は不具合があるようなので、バージョン 0.7 を指定してインストールする。

```
Successfully installed mecab-python3-0.7
```

と表示されれば完了である。

4. MeCab のインポート

先ほどまででインストールしたライブラリを早速 import してみよう。

```
import MeCab
```

これを実行してエラーがでなければインストールに成功している。

5. 形態素解析のテスト

次のセルに以下を入力してみよう。

```
m = MeCab.Tagger()
print(m.parse("すもももももももものうち"))
```

品詞情報が出力されれば形態素解析に成功している。

5.5.2　課題 2　青空文庫からのデータ取得

青空文庫のデータを取得して解析する。同じノートブックに続けてプログラムを書くこと。

6. ライブラリのインポート

追加で必要なライブラリをインポートしよう。

```
from collections import defaultdict
import re
import io
import urllib.request
from zipfile import ZipFile
```

7. ウェブからデータ取得する関数

次のセルに、ウェブからデータを取得する関数 load_from_url を以下のように実装せよ。

```
def load_from_url(url):
    data = urllib.request.urlopen(url).read()
    zipdata = ZipFile(io.BytesIO(data))
    filename = zipdata.namelist()[0]
    text = zipdata.read(filename).decode("shift-jis")
    text = re.sub(r'［.*?］', '', text)
    text = re.sub(r'《.*?》', '', text)
    return text
```

　ファイルをダウンロードし、zip を展開してから正規表現による文字列処理を行っている。ここで、正規表現に入力するカギカッコは、それぞれ ［ 全角の角カッコと、《 全角の二重山括弧であることに注意。どちらも日本語入力モードで「や」を変換すると候補に出てくると思われる。ここで出てくる正規表現の意味は、「全角の角カッコや二重山括弧に囲まれた文字列を削除せよ」である。それぞれ注釈やルビに対応する。

8. 青空文庫からのデータ取得テスト

　load_from_url を実装して実行したら、以下を入力、実行せよ。

```
URL = "https://www.aozora.gr.jp/cards/000119/files/624_ruby_5668.zip"
text = load_from_url(URL)
text.split()[0]
```

以下のようにタイトルが出力されれば成功である。

山月記

これは、中島敦という作家の『山月記』という小説である。

9. 出現頻度解析をする関数

　ではいよいよ形態素解析をしてみよう。といっても MeCab を使えば楽勝である。MeCab を使って、

文中に出現する名詞の出現頻度トップ 10 を抽出してみよう。以下を入力せよ。

```
def show_top10(text):
    m = MeCab.Tagger()
    node = m.parseToNode(text)
    dic = defaultdict(int)
    while node:
        a = node.feature.split(",")
        key = node.surface
        if a[0] == u"名詞" and a[1] == u"一般" and key != "":
            dic[key] += 1
        node = node.next
    for k, v in sorted(dic.items(), key=lambda x: -x[1])[0:10]:
        print(k + ":" + str(v))
```

10. 出現頻度解析の実行

テキストをダウンロードし、形態素解析をしてみよう。以下を入力、実行せよ。

```
URL = "https://www.aozora.gr.jp/cards/000119/files/624_ruby_5668.zip"
text = load_from_url(URL)
show_top10(text)
```

文章に使われている一般名詞の頻度トップ 10 が、回数とともに出力されたはずである。

5.5.3　課題 3　ワードクラウド

先ほど得られた青空文庫の単語リストを使って、青空文庫のワードクラウドを作ってみよう。

11. フォントのインストール

日本語表示に使うフォント（IPA ゴシック）をインストールする。

```
!apt-get -y install fonts-ipafont-gothic
```

```
Processing triggers for fontconfig (2.12.6-0ubuntu2) ...
```

と表示されれば成功である。

12. ライブラリのインポート

必要な追加ライブラリをインポートする。

```
import IPython
from wordcloud import WordCloud
```

13. 名詞を抽出する関数

　ワードクラウドに入力するデータは、半角空白で区切られた文字列である。そこで、与えられた文章を解析して、一般名詞だけを空白文字列を区切り文字としてつないだ文字列を返す関数、get_words を実装しよう。return w のインデント位置（while と同じ高さ）に気をつけよ。

```
def get_words(text):
    w = ""
    m = MeCab.Tagger()
    node = m.parseToNode(text)
    while node:
        a = node.feature.split(",")
        if a[0] == u"名詞" and a[1] == u"一般":
            w += node.surface + " "
        node = node.next
    return w
```

14. ワードクラウドの作成

　ではいよいよワードクラウドを作ろう。以下を入力、実行せよ。上から 14 番目のセルになるはずである。

```
URL = "https://www.aozora.gr.jp/cards/000119/files/624_ruby_5668.zip"
text = load_from_url(URL)
words = get_words(text)
fpath='/usr/share/fonts/opentype/ipafont-gothic/ipagp.ttf'
wc = WordCloud(background_color="white", width=480, height=320, font_
path=fpath)
wc.generate(words)
wc.to_file("wc.png")
IPython.display.Image("wc.png")
```

　日本語表示のため、フォントの場所を指定してやる必要があることに注意。しかし、あとはワードクラウドが勝手にやってくれる。実際にワードクラウドが出力されれば成功である。

5.5.4　発展課題：自分の好きな小説でワードクラウド

　青空文庫で好きな小説を探し、ワードクラウドを作成して、その感想を述べよ。

　「小説名　青空文庫」で検索し、出てきたページの下の方にある「図書カード」のリンクをたどると、「ファイルのダウンロード」の箇所に「テキストファイル（ルビあり）」という zip ファイルがあるはずである。ブラウザによるが、右クリックで「リンクのアドレスをコピー」できるはずなので、それを URL に指定してやってみよ。

　例えば中島敦の『名人伝』ならば、

```
URL = "https://www.aozora.gr.jp/cards/000119/files/621_ruby_661.zip"
```

　として実行してみよう。実行の度に結果は代わるが、おそらく中央に大きく「名人」と表示された
ことと思う。

　どうしても小説が思いつかない場合は、以下から選んで良い。

- 『学問のすすめ [1]』(福沢 諭吉)
  - https://www.aozora.gr.jp/cards/000296/files/47061_ruby_28378.zip
- 『走れメロス [2]』(太宰治)
  - https://www.aozora.gr.jp/cards/000035/files/1567_ruby_4948.zip
- 『吾輩は猫である [3]』(夏目 漱石)
  - https://www.aozora.gr.jp/cards/000148/files/789_ruby_5639.zip

---

1)　https://www.aozora.gr.jp/cards/000296/card47061.html
2)　https://www.aozora.gr.jp/cards/000035/card1567.html
3)　https://www.aozora.gr.jp/cards/000148/card789.html

国際化は難しい

　スマホアプリを作って公開したら人気が出たとしよう。せっかくだから全世界に展開したい。その時に直面するのが国際化対応である。英語で Internationalization と呼ぶが、20 文字と長いので中間の 18 文字を略して「I18N」と呼ぶ。少しでも経験のある人は「I18N は悪夢だ」と思うであろう。まず、文字コードはどうするのか？　日本語だけでも文字コードは何種類もあるのだ。面倒だから Unicode しかサポートしない？　よろしい。でも地獄はここからだ。

　有名なところでは、アラビア語は「右から左」に文字を書く。メニューなどが左寄せになっている場合、アラビア語に対応するためには「右寄せ」にしなければならない。Twitter にアカウントを持っている人は https://twitter.com/home?lang=ar にアクセスしてみよ。左右が反転するのがわかるだろう。

　数詞も頭が痛い問題だ。英語には単数、複数の区別があることは知っているであろう。例えばある検索条件で何個ファイルを見つけたかを表示したい場合、

```python
if files == 1:
    print("Found a file.")
else:
    print(f"Found {files} files.")
```

などと書きたくなる。しかし、例えばポーランド語の数詞はもっとややこしい。ポーランド語で「a file」は「pilk」だ。では Google 翻訳で「英語」から「ポーランド語」の翻訳設定にして、

```
a file.
2 files.
5 files.
22 files.
25 files.
```

　を翻訳してみよ。

```
plik.
2 pliki.
5 plików.
22 pliki.
25 plików.
```

　となるはずだ。ここから「31 files.」や「32 files.」はどうなるか予想できるだろうか？　101 や 102 は？　いまコンピュータで日本語が使えるのも先人たちの血のにじむような努力あってのことだ。「○○はおかしい」「○○は非合理的だ」などと思ってはならない。国際化とは、まず世界の多様性を認めることからスタートしなければならない。

https://qiita.com/yugui/items/55f2529c5a731badeff7

第6章 ファイル操作

6.1 ファイルシステム

6.1.1 ファイルとは何か

Python などのスクリプト言語を使えるようになると、使えない場合に比べて飛躍的に作業効率が上がる。特に、大量のファイルを解析、変換したいといったケースで、一つ一つエクセルで開いては作業する人に比べて、Python やその他スクリプト言語とシェルスクリプト等を組み合わせて処理できる人は生産性に圧倒的な差が出る。そこで、今回は Python で CSV ファイルを開いて、データの解析を行う。しかし、まずその前に「そもそもファイルとは何か」を知っているだろうか？

我々がコンピュータを使う際、何気なくファイルを触っている。スマートフォンで以前撮影した写真を見てみたり、ダウンロードした音楽を聞いたりしている時、意識はしていないかもしれないが、裏ではアプリケーションが写真ファイルや音楽ファイルを開いて読み込み、再生している。また、パソコンで、デスクトップにあるファイルをダブルクリックして開いたり、「あのファイルどこにやったかな」とディレクトリを探し回ったりしたことがあるだろう。スマホでもパソコンでも、何かデータにアクセスする際は、ほとんどの場合においてファイルの読み書きという形をとっている。ファイルの実体は、例えばハードディスクや SD カードに記録されたデータであり、両者は物理的には全く異なるアクセスをしているにも関わらず、保存先がハードディスクであっても SD カードであっても、同じようにアクセスすることができ、我々はその裏で何が起きているのかを意識することはほとんどない。それは、オペレーティングシステムが、「ファイルを管理する」という面倒な作業を代わりにやってくれているからだ。このファイルを管理する仕組みを**ファイルシステム（file system）**と呼ぶ。

おそらく、今後の人生でファイルシステムの知識が必要になることはほとんどないであろう。必要になるとしても、せいぜい「SD カードや USB メモリをフォーマットする時に、ファイルシステムの種類に気を付けないと Windows と Mac で互換性の問題が起きる」といった程度で、ファイルシステムの仕組みや動作について知っていても役に立つことはないと思われる。しかし、役に立つ、立

たないは別として、普段使っているパソコンやスマホの裏で、「ファイル」や「フォルダ」がどのような仕組みで管理されているか知っておいても良いであろう。それが教養というものである。

6.1.2　ファイルシステム

我々が普段使うスマホのデータは主に SD カードに保存されている。また、パソコンのデータはハードディスク、もしくは SSD に保存されている。SD カード、ハードディスク、SSD などを総称して**ストレージ (storage)** と呼ぶ。ストレージは、外部補助記憶装置とも呼ばれ、計算機のデータを長期間保存するためのデバイスである。

これらストレージは、ブロックもしくはクラスタと呼ばれる単位でデータを読み書きする。ブロックのサイズはデバイスによって異なるが、おおむね 4 KB 程度である。ストレージには、ブロック単位で通し番号がつけられており、「12 番のブロックからデータを読み込む」「488 番と 489 番のブロックにデータを書き込む」といった形でデータの読み書きを行う。もし、これらのストレージを「生のまま」使うならば、ユーザが「どのブロックに何を書き込んだか」を全て覚えておかなければならない。これは面倒なので、ブロックに「ラベル」をつけたくなるであろう。例えば「0 番のブロックには test.txt というラベル」、「1 番のブロックには hoge.cpp というラベル」といった具合である。この、ブロックに対するラベルの役割をするのがファイル名である。また、ファイルが増えてくると、それをグループ単位で管理したくなる。これがフォルダである。

データが大きい時には、1 つのブロックには収まりきらない。例えばブロックのサイズが 4KB の時、10 KB のデータを保存するには 3 つのブロックが必要となる。この時、いちいち空いているブロックを探して「4,5,6 番のブロックに保存」などと指定するのは面倒である。しかも、ブロック単位で書いたり消したりしているうちに、「空いている (使って良い) ブロック」が不連続になってくる。この時に大きなデータを書き込むためには、1 つのファイルをバラバラのデータに分けて保存しなければならない。さらに、そのデータの一部を修正するためには、そのデータのその場所がどのブロックに保存されているかを調べる必要がある。これを全てが覚えておくのは大変だし、計算機側に自動で管理して欲しいと思うであろう。

このように、ストレージにブロック単位で保存されているデータに、ファイル名やフォルダといった構造を与え、人間にとって扱いやすくするのがファイルシステムである。ファイルシステムには数多くの種類があるが、Linux 系なら ext4 や xfs、Windows は NTFS、USB メモリなどには exFAT などがよく使われている。このうち、いま使っている Google Colab でも採用されている ext4 について簡単に説明しよう。なお、Windows や Mac ではファイルをまとめて管理する仕組みを「フォルダ」と呼ぶが、Linux では「ディレクトリ」と呼ぶため、以後、ディレクトリと呼ぶことにする。細かいことを言い出すときりがないが、とりあえず「フォルダ」と「ディレクトリ」は同じものだと思っておいて良い。

6.1.3　inode

すでに述べたように、ストレージは「ブロック」という単位でデータの読み書きをする。1 つもしくは複数のブロックにまたがって保存されているデータにつけた別名が「ファイル」である。「どの

ブロックが、どのファイルに所属するか」を記録しているのが **inode** と呼ばれるデータだ。全てのファイルには一意な inode 番号が割り振られる。inode には、inode 番号、どのブロックを使っているか、ファイルサイズはどれくらいか、所有者は誰かなどの情報が保存されている。inode 番号には上限があり、もし使い切った場合は、たとえストレージ容量に余裕があっても新たにファイルを作ることはできない。

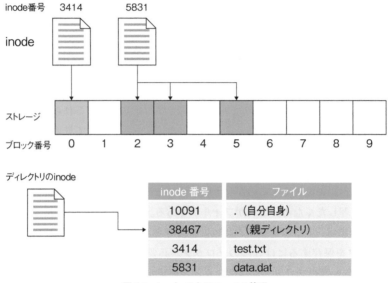

図 6.1　inode によるファイル管理

　ディレクトリも inode 番号を持っており、inode データとして管理されている。実は inode はファイル名を保持しておらず、ファイル名はディレクトリが管理している（図 6.1）。ディレクトリは、自身が管理するファイルと inode 番号の対応表を持っている。Linux 系のファイルシステムでは、ディレクトリは「.（ドット）」と「..（ドットドット）」という二つの特別なディレクトリを持つ。それぞれ「自分自身」と「親ディレクトリ」を指している。

　inode が管理するファイル名や所有者情報、ファイルサイズなどは**メタデータ（meta data）**と呼ばれる。あるディレクトリ以下にあるファイルを全て再帰的に列挙する場合や、名前でファイルを検索する場合など、ファイル操作では「ファイルの中身までは見なくても良い」処理が多い。例えばネットサーフしている時に「ネットが重い」と大変不快なのと同様に、フォルダを開いて中身が表示されるまでに時間がかかると大変不快である。普段あまり意識することは少ないが、メタデータの検索速度はパソコンの「使い勝手」に直結する。

　そこで、多くのファイルシステムでは、メタデータを管理する場所とファイルの中身を管理する場所を別々に分け、効率的にメタデータを扱えるように工夫がしてある。スパコンなどで使われる Lustre などの並列ファイルシステムは、メタデータとファイルの中身は別のサーバで管理されており、高速なメタデータアクセスを実現している。

6.1.4 ファイルのオープン・クローズ

Pythonに限らず、プログラムからファイルを読み書きするには、まずファイルを開く必要がある。「ファイルを開く」とは、「ファイルシステムにファイルの場所を問い合わせて、プロセスからファイルを扱えるように回線をつなぐ」ことである。プログラムは、「プロセス」という形でOSに管理されている。プロセスからOSにファイルへの接続要求があると、OSはファイルシステムにその場所を問い合わせて、プロセスとファイルシステムの間に特別な回線を作って接続する（図6.2）。この回線は**ファイルディスクリプタ（file descriptor）**という、内線番号のようなもので管理される。0番から2番までのファイルディスクリプタは特別な回線となっており、それぞれ標準出力、標準出力、標準エラー出力として予約されている。一度ファイルが開かれたら、プロセスはこのファイルディスクリプタを使ってデータを読み書きする。プロセスは同時に複数の回線を保持できるが、回線の数には上限があるため、不要になったら解放する必要がある。そこで、ファイルへの接続が不要になったら、「ファイルを閉じる」必要がある。ファイルを閉じると、回線を破棄し、内線番号（ファイルディスクリプタ）もOSに返却する。その後、ファイルを開くと、ファイルディスクリプタは再利用される。

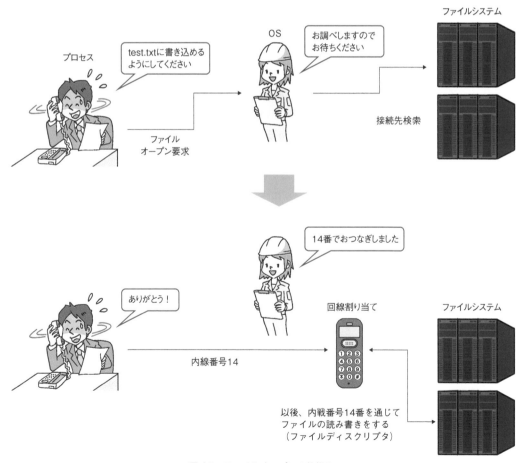

図 6.2　ファイルオープンの仕組み

　なお、図 6.2 では省略されているが、実際にはファイル名（test.txt）から、対応する inode を調べ、その inode が指しているブロックを調べ、そのブロックの場所を覚えて、以後の読み書きはそのブロックに対して行う、ということが行われている。

6.1.5　遅延書き込み

　直接意識することはあまりないが、せっかくファイルシステムについて学んだので、遅延書き込みについても知っておくと良いだろう。一般にストレージへの書き込みは遅いため、書き込みを指示してから書き込み完了までは長い時間待たされることになる。しかし、書き込みに成功したかどうかわからないまま次の作業に移ることはできない。そこで、書き込みを指示された時に空き容量などを調べて書き込みが可能どうかを調べ、書き込み可能ならその内容をメモリに預かる方法が採用された。これを **遅延書き込み**（lazy write）と呼ぶ。当然、メモリに保持している情報をストレージに書き込む前にストレージが外されてしまうと、データを失うことになる。そこで、USB メモリなど抜き差しするタイプの外部ストレージには「安全な取り外し」が用意されている。「安全な取り外し」を指定するか、Mac ならゴミ箱にドロップすることで、もしメモリに預かっていたデータがあればストレージに書き出し、データが失われないことを保証する。

6.2　Python でのファイル操作

6.2.1　Google Colab 上でのファイル操作

　通常、ファイルの読み書きは、「現在操作している計算機の中」にあるファイルについて行う。この環境を「ローカル環境」、ローカル環境にあるファイルを「ローカルファイル」と呼ぶ。しかし我々はいま Google Colab というクラウドサービスを使っているため、「ファイルがどこにあるか」「どのファイルを操作しているか」がわかりにくい。Python でのファイル操作の説明の前に、まず Google Colab 上でのファイル操作のイメージについて説明しておこう。

　いま、目の前にある PC はブラウザを実行しており、このブラウザが Google のサーバに接続している。そのサーバ上で何かファイルを扱うためには、なんとかして Google のサーバにファイルをダウンロードする必要がある（図 6.3）。

Google Colab上でダウンロードを実行

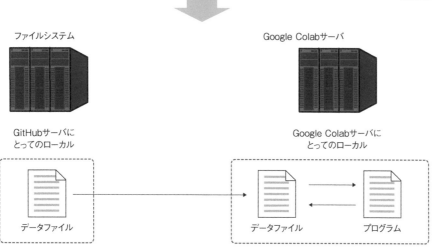

▶ !wget http://kaityo256.github.to/python_zero/file/colortv.csv

ファイルシステム　　　　　　　　　　　　　　　　　　Google Colabサーバ

GitHubサーバに　　　　　　　　　　　　　　　　　　Google Colabサーバに
とってのローカル　　　　　　　　　　　　　　　　　　とってのローカル

データファイル　　　　　　　　　　　　　　　　　データファイル　　　　プログラム

GitHubからGoogle Colabにダウンロード　　　　　　Google Colabのローカルで読み書き

図 6.3　wget によるファイルのダウンロード

　そこで、wget という Linux のコマンドを用いる。wget は、URL を指定するとそのファイルを「wget を実行した計算機にとってのローカル」にダウンロードする。これにより、Google Colab の実行環境の「ローカル」にファイルがダウンロードされる。以降、Google Colab でファイルを開いたり、読み込んだりする際、「そのプログラムが実行される環境にとってのローカル」にあるファイルに対して読み書きが実行される。

　将来、ローカルで Python を実行する場合は上記のようなことを意識する必要はなく、「いま Python スクリプトを実行している計算機にとってのローカル環境」にあるファイルを読み書きすれば良い。

6.2.2　ファイルを開く、閉じる

　Python でファイルを開くには open 関数を用いる。ファイルを開く際、読み込み用として開くのか、書き込み用として開くのか、追記用として開くのかを指示しなければならない。また、扱うのがテキストデータなのか（テキストモード）、それともバイナリデータなのか（バイナリモード）も指定する必要がある。何も指示しない場合にはテキストかつ読み込み用となる。オプションは以下の文字の組み合わせで指定する。

- 'r' 読み込み用に開く (デフォルト)
- 'w' 書き込み用に開く
- 'a' 追記用に開く
- 't' テキストモード (デフォルト)
- 'b' バイナリモード

以下は例だ。

```
f = open("filename") # テキストモードかつ読み込み用に開く
f = open("filename","rt") # テキストモードかつ読み込み用に開く ( オプションを明示的に指定 )
f = open("filename","w") # テキストモードかつ書き込み用に開く
f = open("filename","a") # テキストモードかつ追記用に開く
```

なお、本書ではテキストファイルの読み書きしかしないので、バイナリモードについては説明をしない。

open 関数はオープンに成功するとファイルオブジェクトを返す。とりあえずこれはファイルディスクリプタを抽象化したものだと思っておけば良い。以後、このファイルオブジェクトを通じてデータの読み書きをするのだが、開いたファイルはいつか閉じる必要がある。開いたファイルを閉じるには、ファイルオブジェクトの close を呼び出せば良い。

```
f = open("filename") # ファイルを開く
f.close() # ファイルを閉じる
```

なお、ファイルを明示的に閉じなかった場合、そのファイルオブジェクトが不要となったタイミングでファイルが閉じられる。多くの場合、プログラムの終了時にファイルが閉じられることになるだろう。通常はあまり意識しなくても良いが、同時に開くことができるファイル数には上限があり、それにひっかかるとエラーでプログラムが失敗する。ファイル操作に失敗すると想定外の問題 (惨事) が起きることが多いので、ファイルを開いたら閉じる癖をつけておいた方が良い。

6.2.3　ファイルの書き込み

ファイルに何か書き込むには、ファイルを書き込み用に開いてから、ファイルオブジェクトの write を用いる。

```
f = open("test.txt","w") # ファイルを開く
f.write("Hello World\n") # 文字列を書き込む
f.close()
```

上記のコードで、「Hello World」と記述された test.txt という名前のテキストファイルが作成される。print と異なり、write は改行が追加されないので、必要な場合は明示的に改行コード \n

を追加する必要がある。

　既に存在するファイルにデータを追記したい場合は、追記モードで開く必要がある。

```
f = open("test.txt","a") # ファイルを追記用に開く
f.write("This is the second line.\n") # 文字列を書き込む
f.close()
```

　上記を実行すると、test.txt の内容は以下のようになる。

```
Hello World
This is the second line.
```

　なお、既に存在するファイルを書き込みモードで開いた場合、その**ファイルを開いただけで内容が消去される**ことに注意。先ほど 2 行書き込まれたファイルを、ただ書き込みモードで開いて閉じてみよう。

```
f = open("test.txt","w") # ファイルを書き込み用に開く
f.close() # 閉じる
```

　上記を実行すると、test.txt の内容は消去され、サイズ 0 のファイルになる。これは実は書き込み用にファイルを開くと、メタデータの処理によってファイルを削除してしまうからなのだが、ここでは詳細には立ち入らない。ただ、「ファイルを書き込み用に開くと、開いた瞬間にファイルの内容が消える」ということだけ覚えておくと良い。

6.2.4 ファイルの読み込み

　既存のテキストファイルを読み込む場合は、オプションなしの open を使えば良い。

```
f = open("test.txt")
```

　その後、open が返してきたファイルオブジェクトを使って、ファイル全てを一括して 1 つの文字列として読み込む read、ファイルを全てを一括して読み込み、1 行ごとに分割された文字列のリストとして取得する readlines、呼び出す度に 1 行ずつ読み込む readline などを使うことでファイルの内容を読むことができるが、各行ごとに何か処理をする場合はファイルオブジェクトに対して for 文を回すのが一番てっとりばやい。

```
f = open("test.txt")
for line in f: # ファイルから一行ずつ line に読み込む
    print(line)
```

　なお、この形で取得した line には改行コードが含まれているため、それをそのまま print で出

力すると改行が 2 つつながり、出力としては「1 行おき」に表示されてしまう。それを防ぐには、line の末尾の改行を含む空白文字を削除する rstrip() を使えば良い。

```
f = open("test.txt")
for line in f: # ファイルから一行ずつ line に読み込む
    print(line.rstrip())
```

6.2.5　with 構文

蛇口を開けたら閉めるように、ファイルを開いたら閉じなければならない。実際には開いたままのファイルはプログラム終了時に閉じてくれるため、ちゃんと閉じなくても問題が起きることは少ないのだが、ファイルを多数開いて、ファイル数の上限に達してしまったり、うっかり開いたままのファイルを別の場所で変にいじっておかしなことになったりと、後々いやらしい問題を起こすことがあるので、「開いたら閉じる」癖をつけておきたい。といっても、人間のやることなので、ファイルの閉じ忘れを完全に防ぐのは難しい。そこで、Python は自動でファイルを閉じてくれる with 構文というものがある。

with は以下のように使う。

```
with open("test.txt") as f:
    # ファイルに関する処理
```

with の後にファイルを開き、そのファイルオブジェクトを as の後の変数で受ける。このファイルオブジェクトは、その後のブロックでのみ有効で、ブロックを抜ける時に自動的にファイルは閉じられる。例えば、テキストファイルを開いて、1 行ずつ読み込んでただ表示するだけのコードは以下のように書ける。

```
with open("test.txt") as f:
    for line in f:
        print(line.rstrip())
```

上記のプログラムでは明示的に f.close() は呼び出されていないが、with が作るブロックを抜ける時に自動的に f.close() が呼ばれ、ファイルが閉じられる。「ファイルを開く時には with 構文を使う」癖をつけておけば、ファイルの閉じ忘れを防ぐことができるであろう。

なお、with 構文はファイルだけでなく、例えばデータベースへの接続など「何か定型の前処理や後始末が必要なもの」一般に使うことができる。今後 with が出てきたら、「ブロックが始まる前に何か前処理をして、ブロックを抜ける時に何か後始末をしているんだな」と思えば良い。

6.3　CSV ファイルの扱い

　CSV ファイルとは Comma-separated values の略で、主にコンマ「,」でデータが区切られたテキストファイルの総称である。コンマではなくタブ文字で区切られたファイルも CSV ファイルと呼ぶことがある。今後の人生で、Python を知っていてもっとも役に立つのはテキストファイル、特に CSV ファイルの扱いであろう。大量のデータを処理する際、スクリプト言語で CSV ファイルを扱えると作業効率が桁違いに上がるのでぜひ覚えておいて欲しい。

　まず、CSV ファイルは以下のような形をしている。

```
学籍番号 , 名前 , 成績
1, 成績太郎 ,B
2, 成績花子 ,A
3, 落第次郎 ,D
4, 矢上三郎 ,S
...
```

　各行にコンマで区切られたデータが並んでいる。この例では「学籍番号、名前、成績」の順番である。まず、これを 1 行ごとに切り出す。先ほどの例と同様に、ファイルを開いて for 文を回すのが一番手っ取り早い。

```
with open("data.csv") as f:
    for line in f:
        # ここで line にデータ行が入ってくる
```

　さて、for 文の中で渡される line には、CSV ファイルのデータが 1 行ずつ入ってくる。これを split を使って配列にバラしてやる。

```
line = "1, 成績太郎 , B"
line.split(",") # => ['1', ' 成績太郎 ', ' B\n']
```

　最後に改行が入っていることに注意。削除しておきたければ、line = line.rstrip() としておこう。さて、バラされた要素は文字列のリストになっているため、必要に応じて整数や浮動小数点数に変換してやろう。

```
line = "1, 成績太郎 , B"
id, name, grade = line.split(",") # => ['1', ' 成績太郎 ', ' B\n']
id = int(id)
```

　これで名前と学籍番号を得ることができた。

　次に、2 つの CSV ファイルを読み込んで、1 つのグラフなどを作りたい時に便利な方法も紹介しておこう。いま、どこにどれだけの人が住んでいるかの「人口地図」を作りたいとする。人口地図を

第6章

作るのに必要なのは「座標と人口」の組だが、我々がアクセスできるのは「どの都市にどれだけの人口があるか」と「どの都市がどこにあるか」の情報だけだ。この 2 つを組み合わせて「人口地図」を作る。

まず、市区町村の人口データ population.csv が以下のような形をしているとする。

```
...
01100, 札幌市 ,1884939
01101, 札幌市中央区 ,206252
01102, 札幌市北区 ,273577
01103, 札幌市東区 ,252688
01104, 札幌市白石区 ,203579
...
```

左から順番に、都市コード (CITY CODE)、地名、人口である。

また、市役所、区役所の位置データ position.csv が以下のような形をしているとする。

```
...
01100, 札幌市役所 ,43.06197200,141.35437400
01202, 函館市役所 ,41.76871200,140.72910800
01203, 小樽市役所 ,43.19075267,140.99460538
01204, 旭川市役所 ,43.77079900,142.36479800
01205, 室蘭市役所 ,42.31520400,140.97378400
...
```

左から順番に、都市コード、役所の名前、緯度、経度である。この 2 つを組み合わせて「経度、緯度、人口」という情報を作り出したい。

そのためには、まず辞書を使って「都市コード」と「人口」の対応表を作ってしまうのが楽である。population.csv を読み込んで、都市コードをキー、人口を要素に持つ辞書は以下のようにして作ることができる。

```python
d_pop = {}
with open("population.csv") as f:
    for line in f:
        code, _, pop = line.split(",")
        d_pop[int(code)] = int(pop)
```

次に位置データを読み込むと、位置と都市コードの対応が得られる。この時、既に都市コードと人口の対応表ができているので、位置と人口を出力することができる。

このように、複数のデータファイルに共通して含まれる項目をキーとしてデータを集計する、という作業は日常業務で頻出するため、やり方を知っておいて損はない。なお、今回は 2 つのファイルであったので、エクセル等で作業してもさほど時間はかからないが、例えばこれが都道府県別に 47 個にファイルに分かれていたら大変である。しかし、Python を使えば複数のファイルを一気に読み込んで解析することは容易にできる。

6.4 ファイル操作

6.4.1　課題1　人口地図の作成

　都市の人口データと都市の位置データを使って、どの場所にどれくらいの人が住んでいるか、「人口地図」を作成してみよう。データはそれぞれ以下のサイトから入手し、加工したものを利用した。

- 総務省参考資料4 市区町村別の人口及び世帯数 [1]
- 国土交通省国土政策局国土情報課、国土数値情報　市区町村役場データ 平成26年 [2]

　新しいノートブックを開き、popmap.ipynb として保存せよ。

1. ライブラリのインポート

　まずは必要なライブラリをインポートしておこう。

```
import matplotlib.cm as cm
import matplotlib.pyplot as plt
```

2. データのダウンロード

　まずデータをダウンロードしよう。以下を実行せよ。

```
!wget https://kaityo256.github.io/python_zero/file/popmap.zip
```

　実行後、saved [42400/42400] と表示されれば正しくダウンロードされている。

3. データの展開

　ダウンロードしたファイルは ZIP で圧縮されているため、展開しよう。

```
!unzip -o popmap.zip
```

　-o オプションは、既に同名のファイルが存在する場合でも上書きするオプションである。

```
Archive:  popmap.zip
  inflating: population.csv
  inflating: position.csv
```

　と表示されていれば正しく展開されている。このファイルには人口データ population.csv と、位置データ position.csv が含まれている。

---

1) http://www.soumu.go.jp/menu_news/s-news/17216_1.html
2) http://nlftp.mlit.go.jp/ksj/gml/datalist/KsjTmplt-P34.html

4. 人口データの確認

まず、head コマンドで人口データ population.csv の内容を確認しよう。

```
!head population.csv
```

以下のような表示が出れば成功である。

```
01000, 北海道 ,5543556
01100, 札幌市 ,1884939
01101, 札幌市中央区 ,206252
01102, 札幌市北区 ,273577
01103, 札幌市東区 ,252688
01104, 札幌市白石区 ,203579
01105, 札幌市豊平区 ,208476
01106, 札幌市南区 ,147397
01107, 札幌市西区 ,209883
01108, 札幌市厚別区 ,129604
```

左から順番に、都市コード（CITY CODE）、都道府県もしくは都市名、人口である。

head はファイルの先頭を表示するコマンドである。大きなテキストファイルに何が書いてあるか、いちいちエディタを開かずにチェックするのに便利だ。ファイルの末尾を表示する tail コマンドと一緒に覚えておきたい。

5. 役所の位置データ確認

市役所、区役所の位置データ position.csv の中身を確認しよう。

```
!head position.csv
```

以下のような表示が出れば成功である。

```
01100, 札幌市役所 ,43.06197200,141.35437400
01202, 函館市役所 ,41.76871200,140.72910800
01203, 小樽市役所 ,43.19075267,140.99460538
01204, 旭川市役所 ,43.77079900,142.36479800
01205, 室蘭市役所 ,42.31520400,140.97378400
01206, 釧路市役所 ,42.98485600,144.38167000
01207, 帯広市役所 ,42.92401400,143.19619500
01208, 北見市役所 ,43.80782300,143.89438400
01209, 夕張市役所 ,43.05681400,141.97406900
01210, 岩見沢市役所 ,43.19616900,141.77585700
```

左から、都市コード（CITY CODE）、市役所 / 区役所名、緯度、経度である。

ダウンロードしたデータを用いてどこにどれだけの人が住んでいるかの「人口地図」を作成しよう。

6. 人口データの辞書作成

population.csv を読み込み、都市コードをキー、人口を値に持つ辞書を作成する。

```
d_pop = {}
with open("population.csv") as f:
    for line in f:
        code, _, pop = line.split(",")
        d_pop[int(code)] = int(pop)
```

7. 位置データの作成

位置データ position.csv を読み込み、もし人口データが存在する都市であれば、「経度、緯度、人口」の形の「タプルのリスト」にまとめる。

```
data = []
with open("position.csv") as f:
    for line in f:
        a = line.strip().split(",")
        code, _, y, x = a
        code = int(code)
        x, y = float(x), float(y)
        if code in d_pop:
            data.append((x, y, d_pop[code]))
```

8. データのソート

人口が多い場所ほど後から描画するように、データを人口でソートする。

```
data = sorted(data, key=lambda x: x[2])
```

9. 人口地図の描画

得られたデータから人口地図を描画する。

```
nx, ny, nn = [], [], []
for x, y, n in data:
    nx.append(x)
    ny.append(y)
    nn.append(n ** 0.5 * 0.3)
plt.figure(figsize=(15, 15), dpi=50)
plt.scatter(nx, ny, c=nn, s=nn, cmap=cm.seismic)
```

「人口地図」が表示されただろうか？ 日本のどこにどれくらいの人が住んでいるかが、なんとなくわかるであろう。

6.4.2　課題 2　カラーテレビと平均寿命

カラーテレビの普及率と、男性の平均寿命の関係を調べてみよう。データはそれぞれ以下のサイトから入手し、加工したものを利用した。

- カラーテレビの普及率データ（内閣府の消費動向調査）[3]
- 平均余命データ（厚生労働省の参考資料 2　平均余命の年次推移）[4]

新しいノートブックを開き、tvlife.ipynb として保存せよ。

1. ライブラリのインポート

最初のセルに以下のプログラムを書いて実行せよ。

```
import numpy as np
from matplotlib import pyplot as plt
```

2. テレビの普及率データのダウンロード

ウェブから、「カラーテレビの普及率データ」の CSV ファイルをダウンロードしよう。

```
!wget https://kaityo256.github.io/python_zero/file/colortv.csv
```

上記を実行すると、ファイルがダウンロードされる。'colortv.csv' saved [162/162] と表示されたら正しくダウンロードできている。

3. テレビの普及率データの確認

head コマンドでダウンロードしたファイルの内容を確認しよう。

```
!head colortv.csv
```

次のような表示になれば成功である。

```
1966,0.3
1967,1.6
1968,5.4
1969,13.9
1970,26.3
1971,42.3
1972,61.1
1973,75.8
```

---

3) https://www.esri.cao.go.jp/jp/stat/shouhi/shouhi.html
4) https://www.mhlw.go.jp/toukei/saikin/hw/life/life10/sankou02.html

```
1974,85.9
1975,90.3
```

それぞれの行に、西暦とカラーテレビの普及率の関係が「カンマ」で区切られて記録されている。

4. テレビの普及率のプロット

ダウンロードしたデータを読み込んで、横軸を西暦、縦軸をカラーテレビの普及率としてプロットしてみよう。

4 つ目のセルに以下を入力、実行せよ。

```
tv_year = []
tv_data = []
with open("colortv.csv") as f:
    for line in f:
        y, d = line.split(",")
        tv_year.append(int(y))
        tv_data.append(float(d))
plt.scatter(tv_year, tv_data)
```

第6章

これは、

* ファイルを 1 行ごとに line という変数に取り込み、
* split(",") によりカンマで分離したリストにして
* y, d = という形で、リストの最初と 2 番目の要素を受け取り、
* それぞれを「西暦」「普及率」のリストに append する

という処理をしている。

上記を実行すると、1966 年から 1980 年までのカラーテレビの普及率の推移が表示されるはずである。

5. 平均寿命データのダウンロード

次に 5 つ目のセルで「男性の平均寿命データ」のダウンロードをしよう。

```
!wget https://kaityo256.github.io/python_zero/file/lifespan.csv
```

実行後に 'lifespan.csv' saved [178/178] と表示されれば正しくダウンロードできている。

6. 平均寿命データの確認

先ほどと同様に、head コマンドでダウンロードしたデータの中身を確認しよう。

```
!head lifespan.csv
```

以下のように、カンマで区切られた西暦と平均寿命が記録されているはずである。

```
1966,68.35
1967,68.91
1968,69.05
1969,69.18
1970,69.31
1971,70.17
1972,70.5
1973,70.7
1974,71.16
1975,71.73
```

7. 平均寿命のプロット

先ほどと同様に、横軸を西暦、縦軸を平均寿命としてプロットしてみよう。

```
life_year = []
life_data = []
with open("lifespan.csv") as f:
    for line in f:
        y, d = line.split(",")
        life_year.append(int(y))
        life_data.append(float(d))
plt.scatter(life_year, life_data)
```

寿命が年々伸びている様子がわかるはずだ。

6.4.3　発展課題　テレビの普及率と寿命の関係

8. テレビの普及率と寿命の関係

カラーテレビの普及率、平均寿命のデータは、それぞれ 1966 年から 1980 年までの同じ 15 年間のデータに揃えてある。そこで、横軸をカラーテレビの普及率、縦軸を平均寿命としてプロットしてみよう。以下を実行せよ。

```
plt.xlabel("TV")
plt.ylabel("Lifespan")
plt.scatter(tv_data, life_data)
```

このグラフから、カラーテレビの普及率と平均寿命にどのような関係が見て取れるか論ぜよ。

9. テレビの普及率と寿命の相関係数

カラーテレビの普及率と寿命には何かしら強い関係がありそうであった。そこで、両者の相関を調

べてみよう。相関とは、お互いに完全に比例している場合に 1、完全に反比例している時に -1、完全に無関係である時に 0 となるような量である。

相関は numpy の corrcoef で調べることができる。以下を実行せよ。

```
np.corrcoef(tv_data, life_data)
```

2 行 2 列の行列が表示されたはずだ。対角成分は「自分自身との相関」なので 1 である。非対角成分が「テレビと寿命」の関係だ。1 に近い値が表示されているはずだ。このデータから「テレビの普及率と平均寿命は、ほぼ比例している」ということが示される。

以上の解析結果をもって、例えば「テレビを見るほど寿命が伸びる」と結論して良いか考察せよ。もしそう結論できない場合は、どんな可能性があるだろうか？

消えていくアイコンのオリジナルたち

　パソコンを使っていると、ファイルを管理するのにフォルダを使ったことがあるだろう。Windows であれば、右クリックのメニューで「新規作成」から「フォルダ」を作ることができる。また、iPad や iPhone などのスマホでも、アイコン長押しからドラッグでまとめてフォルダを作ることができる。もともと「フォルダ」とは厚紙でできており、書類をまとめて挟んで引き出しに入れる文房具である。上部にはラベルがあり、どんな書類をまとめているかが一目でわかるようになっている。「フォルダ」のアイコンはその文房具を模したものだが、おそらく本書を読んでいる人で「フォルダ」の実物を見たことがある人は少ないであろう。

　Word や PowerPoint を使ったことがある人は多いと思われるが、「ファイルを保存する」ボタンにはフロッピーディスクをデザインしたアイコンが使われることが多い。これは昔、データの保存に主にフロッピーディスクを使っていたことの名残なのだが、現在フロッピーディスクはほぼ使われていないため、これも実物を見たことがある人は少ないと思われる。もしかしたらフロッピーディスクそのものを知らないかもしれない。筆者は高校生時代、友人と一緒にゲームを作っていたのだが、お互い家で作成したデータをフロッピーディスクに入れ、休み時間に交換していたのを思い出す。

　携帯電話がスマホとなり、主に通話以外の用途に使われるようになって久しい。今時の若い人は、携帯電話が純粋に「電話」だった時代を知らないであろう。もともと「電話」であったはずのスマホにおいて、通話機能は数多くのアプリの一つに甘んじている。この通話機能を表すアイコンは固定電話の「受話器」を模したものであり、いまでこそ「これは電話を意味する」とわかるかもしれないが、特に若い世代で受話器を持つ固定電話を使うことが稀になったため、フロッピーディスク同様、このアイコンの意味も失われていくことであろう。

　フォルダ、フロッピーディスク、電話の受話器。もはや失われつつある古（いにしえ）のデバイスが、現在のデバイスに「シンボル」として生き残っているのは興味深い。

第7章　再帰呼び出し

本章で学ぶこと
☐ 再帰呼び出し

7.1　再帰呼び出し

　パソコンを使っているとフォルダを扱うであろう。フォルダを開くと、その中にはやはりフォルダとファイルが含まれる。この事実をもって「フォルダ」という言葉を定義しようとすると、「フォルダとは、フォルダとファイルを含むものである」となる。「フォルダ」の記述に、定義したい言葉である「フォルダ」が含まれていることがわかる。このように、何かの中に、その何かそのものが現れることを **再帰（recursion）** と呼び、何かの定義に自分自身が現れることを **再帰的定義（recursive definition）** と呼ぶ（図 7.1）。

再帰的定義：定義の記述に自分自身があらわれること

例：フォルダ：その中にフォルダとファイルを含むもの

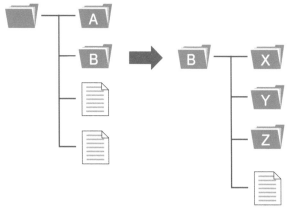

図 7.1　フォルダの再帰的定義

　プログラムにおける再帰とは、簡単に言ってしまえば「自分自身を呼び出す関数」のことである。プログラムにおいて関数の実装は「この関数が呼び出されたらこのような処理をせよ」という定義にほかならない。ある関数の定義にその関数そのものが含まれるので、これは再帰的な記述になっている。このように、関数が自分自身を呼び出すことを **再帰呼び出し** (recursive call) と呼ぶ。以下、再帰呼び出しを用いるアルゴリズムやプログラムを総称して単に「再帰」と呼ぶ。

　再帰は慣れると極めて強力なアルゴリズムであり、中級以上のプログラマになるためには必須のプログラミング技法である。しかし、プログラムの初学者にとって再帰は、ループ構造や制御構造に比べてその動作ステップをイメージしづらく、「初学者の壁」となっている。今回はそんな「再帰呼出し」を学ぶが、再帰はなんども組んでいるうちにおぼろげに感覚を掴んでくるものであって、一度に理解することは難しい。とりあえず、以下の「再帰三カ条」だけを覚えておいて欲しい。

再帰三カ条

- 再帰とは、自分自身を呼び出す関数である
- 関数の最初に「終端条件」を記述する
- 「解きたい問題より小さな問題」に分解して自分自身を呼び出す

　必ずしも上記の形に当てはまらない再帰もあるが、それはその時に学べば良い。まずは上記三カ条が再帰の基本だと覚えておけば良い。

　簡単な例として、自然数 n の階乗を返す関数 fact(n) を考えてみよう。これは 1 から n までの数の積だ。

$$n! = 1 \cdot 2 \cdots n-1 \cdot n$$

　これをプログラムで計算したい。もちろん、以下のようにループを回してしまうのが簡単だ。

```
def fact(n):
    a = 1
    for i in range(1, n+1):
        a *= i
    return a
```

　しかし、ここでは再帰の考え方を学ぶためにあえて再帰で書いてみよう。

　再帰プログラムの基本は「いま解きたい問題よりも小さな問題の答えが全てわかっている場合、いま解きたい問題の答えはどう記述できるだろうか？」という考え方である。

　n の階乗の値、fact(n) の値を知りたい時、もし (n-1) の階乗の値 fact(n-1) がわかっているとしよう。すると、欲しい値はそれに n をかけたものだ。つまり、

```
fact(n) = n * fact(n-1)
```

である。関数のある値を得るのに、その関数自身を使っている、再帰的な記述になっているのがわかるであろう。

さて、fact(n-1) の値は fact(n-2) に n-1 をかけたものであり、fact(n-2) は fact(n-3) の値に n-2 をかけたもの、とどんどん fact の中身が小さくなり、いつかは fact(1) になるであろう。1の階乗は 1 であり、ここで終了である。以上から、階乗を求めるプログラムを再帰を使って書くとこうなる。

```
def fact(n):
    if n == 1:
        return 1
    return n * fact(n-1)
```

これが、先ほどの「再帰三カ条」に従っていることを確認しよう（図 7.2）。

- 再帰とは、自分自身を呼び出す関数である
  - fact の定義に、fact 自身が使われている
- 関数の最初に「終端条件」を記述する
  - 引数 n として 1 が指定されたら 1 を返して終了
- 「解きたい問題より小さな問題」に分解して自分自身を呼び出す
  - 自分が受け取った引数 n に対して、n-1 を引数として自身を呼び出している

再帰三カ条

1. 再帰とは、自分自身を呼び出す関数である
2. 関数の最初に「終端条件」を記述する
3. 「解きたい問題より小さな問題」に分解して自分自身を呼び出す

階乗を計算する関数

```
def fact(n):
    if n == 1:
        return 1

    return n * fact(n-1)
```

2. 関数の最初に 終端条件 がある

1. 定義中に 自分自身 を呼び出している

3. 「より小さな問題」として自分を呼びだす

図 7.2 再帰三カ条

実際にこの関数 fact の動作を見てみよう（図 7.3）。例えば fact(3) として呼び出すことを考える。

1. まず 3 は 1 ではないので終端条件にはマッチせず、fact(2) が呼ばれる
2. 同様に fact(1) が呼ばれる
3. n として 1 が代入されて呼ばれた fact(1) は、終端条件にマッチして 1 を返す
4. fact(1) を呼んだ fact(2) は、fact(1) の返り値 1 に 2 をかけた 2 を返す
5. fact(2) を呼んだ fact(3) は、fact(2) の返り値 2 に 3 をかけた 6 を返して値が確定

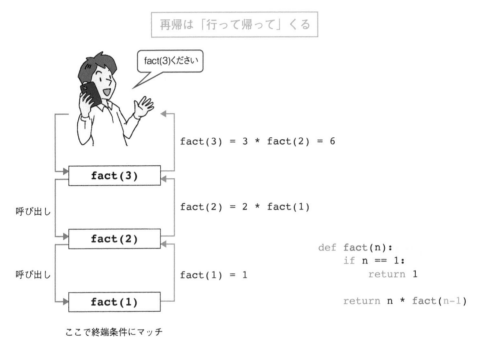

図 7.3　再帰の動作

つまり、再帰関数はどんどん問題を小さくしながら自分自身を呼び出していき、どこかで「終端条件」に達すると、そこから呼び出し履歴を逆にたどりながら帰ってくる。標語的にいえば「再帰は行って帰って」くる。この「問題を棚上げしながら単純化していき、どこかで終端条件に達したら、これまで棚上げにした問題を解決しながら戻ってくる」という感覚を身につけることが再帰プログラムの肝である。

7.2　階段の登り方問題

先ほどの階乗を求める問題は、あまりに簡単過ぎて再帰を使うメリットが感じられなかったであろう。そこで、もう少し複雑な問題として「階段の登り方問題」を考えよう（課題 1）。

いま、目の前に n 段の階段があるとする。一度に 1 段、もしくは 2 段登るやり方を混ぜて登る時、「登り方の総数」は全部で何通りあるだろうか（図 7.4）？

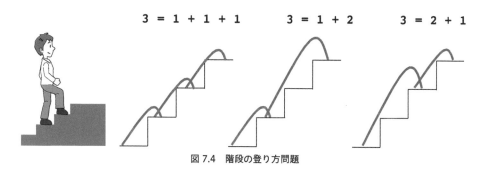

階段の登り方問題

n段の階段を1段もしくは2段を混ぜて登る時、何通りの登り方があるか？

3 = 1 + 1 + 1　　3 = 1 + 2　　3 = 2 + 1

図 7.4　階段の登り方問題

まずは n が小さい時の場合を考えてみよう。$n = 1$ の時、つまり 1 段しかない時には、1 段で登るしかないので 1 通りである。2 段ある場合は、1 段ずつ 2 回で登るか、2 段で一度に登るかの 2 通りである。ここで、1 もしくは 2 をいくつか足して、その合計を N にするようなやり方を数えれば良い、ということに気がつくであろう。例えば $n = 3$ なら、

$3 = 1 + 1 + 1$

$3 = 1 + 2$

$3 = 2 + 1$

の 3 通りである。$n = 4$ なら、

$4 = 1 + 1 + 1 + 1$

$4 = 1 + 1 + 2$

$4 = 1 + 2 + 1$

$4 = 2 + 1 + 1$

$4 = 2 + 2$

の 5 通りである。さて、これを一般化して、n 段の時の登り方 F_n はどのように求めれば良いだろうか？　このような場合に「再帰的」な考え方をする。

再帰プログラムの基本は「いま解きたい問題よりも小さな問題の答えが全てわかっている場合、いま解きたい問題の答えはどう記述できるだろうか？」と考えることであった。いま、$n - 1$ 段までの登

第7章

り方、$F_1, F_2, \cdots F_{n-1}$ が全てわかっているとしよう。その知識を使って、F_n の値を求められないだろうか？

　最初のステップを考えよう。眼の前に n 段の階段がある。できることは、1 段登るか、2 段登るかの 2 通りである。さて、1 段登ったら、残りは $n-1$ 段であるから、その登り方は F_{n-1} 通りである。2 段登ったら残りは $n-2$ 段であるから、その登り方は F_{n-2} 通りである。最初のステップでできることはこの 2 つしかなく、それらは重複しないので、階段の登り方の総数はその 2 通りの和である。

　ここから、漸化式、

$$F_n = F_{n-1} + F_{n-2}$$

が成り立つことがわかる。さて、左辺にも右辺にも「登り方 F」が登場する。つまり、ある F を、別の引数をもった F 自身で、再帰的に表現していることがわかる。さらに、左辺に比べて右辺は問題サイズ n が小さいことがわかるであろう。つまり、ある大きさ n を持つ問題が、それより小さいサイズの $n-1$ と $n-2$ という問題を解くことに帰着された。これが再帰の考え方である。すなわち、再帰アルゴリズムは本質的に**分割統治法 (divide-and-conquer method)** である。後の課題で階段の登り方問題を実装し、それがどうやって「行って帰って」来るかを見てみよう。

7.3 迷路

　再帰のもう一つの例として、迷路を解くプログラムを考えよう（課題 2）。迷路が与えられた時に、スタート地点からゴール地点までの経路を探索するのが目的である。

　このような探索で問題となるのが、「分かれ道」の存在である。いま、分かれ道に直面したとしよう。どちらが正解かわからないので、とりあえず現在地を覚えておいて、片方の道を試し、もしその先が行き止まりなら先ほど覚えておいた位置まで戻ってきて、別の道を試す必要がある。もし試しに選んだ片方の道の先にまた分かれ道があったら、また現在地を覚えておいて、片方を試す、という行動を繰り返す。

　このように「とりあえずあっちへ進んで、ダメなら戻る」という行動を繰り返すようなアルゴリズムを **バックトラック（backtracking）** と呼ぶ (図 7.5)。将棋や囲碁のようなゲームで「先の手を読む」場合や、ナンプレなどのようなゲームで数字を仮置きして矛盾したら戻ってやり直す場合など、広く使われるアルゴリズムなので、これまでも無意識に使ったことはあるだろう。

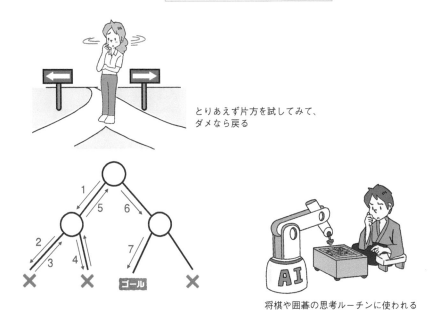

バックトラックアルゴリズム
(Backtracking)

とりあえず片方を試してみて、
ダメなら戻る

将棋や囲碁の思考ルーチンに使われる

図7.5　バックトラックアルゴリズム

　このような「とりあえずあっちへ進んで、ダメなら戻る」というバックトラックは、再帰を使うときれいに書ける。このバックトラックを使って迷路を解くアルゴリズムを考えよう。

　単にゴールにたどり着くだけなら、「矢印」を残しながら進んでいけば良い。例えばこんなアルゴリズムになる（図7.6）。

- 自分の進む向きに矢印を書きながら進む
- 分かれ道に来たら、とりあえずどちらかを選ぶ
- 進んだ先が行き止まりになったら、矢印を逆向きに戻る
- 戻っている時に、まだ試していない道があったらそちらを選ぶ

1. 分かれ道に来た　　　　　　　　　　　2. とりあえず片方に進んで見る

3. 行き止まりだったので戻る　　　　　　4. まだ試してない道があれば進む

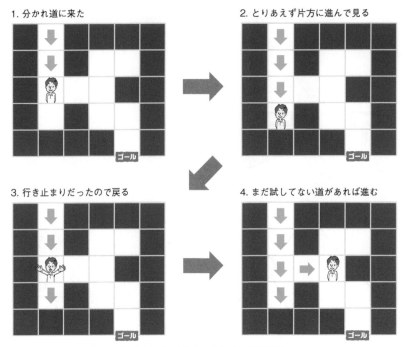

図7.6　バックトラックによる迷路探索

　戻る時、つまり矢印と逆向きに進んでいる時にまだ試してない道を見つけたら必ずそこを試すのがポイントである。これにより、「戻っている時には、その後ろにある経路は全て探索済みである」、つまり、「道の見落としがない」ということが保証される。バックトラックによる迷路探索とは、要するに「見落としがないようにしらみつぶしに探しましょう」ということを言っているに過ぎない。

　このように、とりあえず進めるだけ進んで、行き止まりに行き当たったら戻ってくる、というような探索アルゴリズムを **深さ優先探索 (depth-first search)** と呼ぶ。逆に、自分が今いる地点から徐々に探索範囲を広げながら探索する方法を **幅優先探索 (breadth first search)** と呼ぶ。

　さて、単にゴールにたどり着くだけなら上記の方法で良いが、ゴールまでの経路を求めるには少し工夫が必要だ。方針としては、「スタート地点からの距離」を各部屋に記しながら進んで行く。探索が終わったら、全ての場所に「スタート地点からの距離」があるはずである。この状態でゴールから、「数字が減るように」進んでいく。分かれ道では「カウントが減る方」がスタートに至る道であるから、そちらを選び続ければ「ゴールからスタートへの道」が完成する（図7.7）。

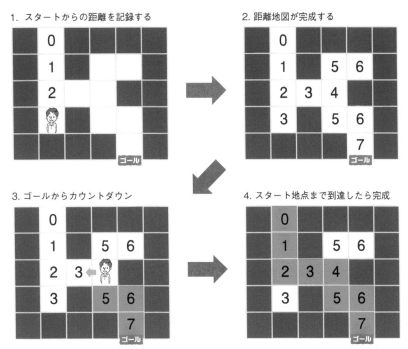

図 7.7 バックトラックによる迷路探索

　課題では、指定された迷路について、「スタート地点からの距離地図」の作成、及び「距離地図が完成した後に解の経路作成」のそれぞれの処理を再帰で実装しよう。

7.4 [課題] 再帰呼び出し

7.4.1 課題 1-1　階段の登り方問題

　階段を、一度に 1 段、もしくは 2 段登るやり方を混ぜて登る時、「n 段の階段の登り方の総数」を返す関数 kaidan(n) を作り、その動作を可視化してみよう。新しいノートブックを開き、kaidan.ipynb として保存せよ。

1. ライブラリのインポート

　直接再帰には関係ないが、後で再帰木を可視化するために必要なライブラリをインポートしておこう。

```
from graphviz import Digraph
from PIL import Image
```

2. 再帰関数 kaidan の実装

　2 つ目のセルに、n 段の階段の登り方を返す関数 kaidan(n) を実装せよ。

```
def kaidan(n):
    # 終端条件
    if 条件 1:
        return 値 1
    if 条件 2:
        return 値 2
    # 再帰部分
    return 自分自身を使った式
```

実装すべきは終端条件と再帰部分である。以下を参考にせよ。

- 階段の段数が 1 の場合と 2 の場合が終端条件に該当する。それぞれどんな値を返すべきか？
- 終端条件に該当しない場合は、kaidan(n-1) と kaidan(n-2) の和を返すこと

3. kaidan の確認

関数 kaidan が実装できたら動作確認をしてみよう。3 つ目のセルで以下を実行せよ。

```
kaidan(3)
```

答えが 3 になっただろうか？　また、kaidan(4) が 5 に、kaidan(5) が 8 になることを確認せよ。kaidan(10) の値はどうなるだろうか？

7.4.2　課題 1-2　再帰木の表示

再帰プログラムの難しさは、「プログラムがどのように実行されるかがわかりづらい」という点にある。繰り返すや条件分岐はそのままたどれば良いのだが、再帰プログラムは何度も自分を呼び出し、そして呼び出し先から返ってくる。この振る舞いを可視化してみよう。

4. 再帰木の可視化関数 kaidan_g の実装

4 つ目のセルに以下を実装しよう。これはグラフオブジェクト g を受け取り、階段の登り方がどのように呼び出されているかを可視化する関数だ。

```
def kaidan_g(n, g, nodes, parent=None):
    index = str(len(nodes))
    nodes.append(index)
    g.node(index, str(n))

    if parent is not None:
        g.edge(index, parent)

    if n in (1, 2):
        return
    kaidan_g(n-1, g, nodes, index)
    kaidan_g(n-2, g, nodes, index)
```

5. 再帰木の可視化

では、先ほど実装した kaidan_g を利用して、再帰木を可視化してみよう。5つ目のセルに以下を入力、実行せよ。

```
n = 5
graph = Digraph(format='png')
graph.attr(size="10,10")
kaidan_g(n, graph, [])
graph.render("test")
Image.open("test.png")
```

無事に再帰木が表示されただろうか？　数字が kaidan(n) として呼び出された n の値である。kaidan(5) は kaidan(4) と kaidan(3) を呼び出し、kaidan(4) は kaidan(3) と kaidan(2) を呼び出し……と、再帰的に呼び出しが続いていき、n=1 もしくは n=2 で呼び出しが止まる（終端条件）ことがわかるであろう。

もし正しく表示されたら、1行目を n=8 などとして、少し大きな再帰木も表示してみよ。

7.4.3　課題 2-1　迷路探索

再帰で迷路を解いて、その答えや探索の過程を可視化してみよう。新しいノートブックを開き、maze.ipynb として保存せよ。

1. 必要なライブラリのインポート

最初のセルで、必要なライブラリをインポートしておこう。

```
import pickle
import IPython
from PIL import Image, ImageDraw
from matplotlib import pyplot as plt
```

2. 迷路データのダウンロード

次に、迷路データをダウンロードする。

```
!wget https://kaityo256.github.io/python_zero/recursion/maze.pickle
```

これは2次元リストを Pickle（漬物）という方法で保存したものだ。

3. 迷路データの可視化

迷路の状態を可視化し、ファイルに保存する関数 save_image を実装しよう。3つ目のセルに以下を実装せよ。

```
def save_image(maze, filename = "test.png"):
    w = len(maze)
    h = len(maze[0])
    g = int(400 / w)
    white = (255, 255, 255)
    im = Image.new("RGB", (w*g, h*g), white)
    draw = ImageDraw.Draw(im)
    for ix in range(w):
        for iy in range(h):
            x = ix*g
            y = iy * g
            s = maze[ix][iy]
            color = white
            if s == '*':
                color = (0, 0, 0)
            elif s == 'S':
                color = (0, 0, 255)
            elif s == 'G':
                color = (0, 255, 0)
            elif s == '+':
                color = (255, 0, 0)
            if isinstance(maze[ix][iy], int):
                color = (128, 128, 128)
            draw.rectangle((x, y, x+g, y+g), fill=color)
    im.save(filename)
    plt.imshow(Image.open(filename))
```

インデントに注意せよ。im.save と plt.imshow の高さは for ix in range(w) の行と同じ高さになる。

4. 迷路データの読み込み

save_image が正しく実装できたか確認しよう。Pickle (漬物) になっている迷路データを読み込み、表示してみる。以下を 4 番目のセルで実行せよ。

```
with open('maze.pickle', 'rb') as f:
    maze = pickle.load(f)
save_image(maze)
```

左上にスタート地点 (青)、右下にゴール地点 (緑) がある迷路が表示されたはずだ。

5. 迷路を解くルーチン

ではさっそく迷路を解く (実際には距離地図を作る) 関数 solve を書いてみよう。やるべきことは単純で、

* 進もうとした方向が壁ならそこには行かない

- すでに足跡が残っている（maze[x][y]に数字が入っている）なら、そこは探索済みなので行かない

というのが終端条件であり、終端条件に該当しない場合は、その場所に足跡を残し、上下左右へ探索すれば良い。以上をそのまま実装すると以下のようになる。

```
def solve(x, y, step, maze):
    if maze[x][y] == '*':
        return
    if isinstance(maze[x][y], int):
        return
    maze[x][y] = step
    solve(x+1, y, step+1, maze) # 右を探索
    # 残りを埋めよ
```

isinstance は、与えられたオブジェクト（変数）がどういうタイプかを調べる関数であり、isinstance(a, int) などとすると、オブジェクト a が整数であるかどうかを調べる。ここでは、迷路の指定の場所 maze[x][y] に整数が入っているかどうかを調べている。

再帰部分については一部だけ記載されている。これを参考に再帰部分を完成させること。solve には現在地 (x,y) が渡されている。x+1 は右方向である。残りの左と上下の探索を追加せよ。

6. 迷路を解く

6つ目のセルで、迷路を解くルーチンを呼び出してみよう。迷路を解いた（solve を呼んだ）後に迷路の状況を可視化するコードである。なお、ここで再度ファイルからデータを読み込んでいるのは、プログラムをミスした時に maze というリストに余計な情報が残ってしまい、修正後も正しく実行されなくなるのを防ぐためだ。

```
with open('maze.pickle', 'rb') as f:
    maze = pickle.load(f)
solve(1, 1, 0, maze)
save_image(maze)
```

正しく実行できていれば、全てのセルが灰色（探索済み）になったはずである。逆に、全てのセルが灰色になっていなければ、何か間違っているのでコードを確認すること。

7. 経路探索

さて、探索済みの迷路は、全ての部屋に「入り口からの距離」が書いてある。それを逆にゴールからカウントダウンしながらたどっていけば、それが答えだ。7つ目のセルに以下を実装せよ。

```
def draw_path(x, y, count, maze):
    if not isinstance(maze[x][y], int):
```

```
        return
    if maze[x][y] != count:
        return
    maze[x][y] = '+'
    count -= 1
    draw_path(x+1, y, count, maze)
    draw_path(x-1, y, count, maze)
    draw_path(x, y+1, count, maze)
    draw_path(x, y-1, count, maze)
```

やはり再帰で書いてあるが、ゴールから「目標カウント」を減らしながら進むコードであり、

- もし足跡のある部屋でなければそこには行かない
- 目標カウントではない部屋には進まない

というのが終端条件である。終端条件に該当しなかった場合は「目標カウント」を残してカウントを減らし、「答えの経路」となるマーク（+）を残して、上下左右の部屋に探索に行く。

8. 解の確認
では解答を表示してみよう。8つ目のセルに以下を入力、実行せよ。解答となるパスが赤く表示されたはずだ。

```
draw_path(39, 19, maze[39][19], maze)
save_image(maze)
```

7.4.4　発展課題　迷路を解く様子の可視化
せっかくプログラムが迷路をうろうろ探索しているので、その探索の様子を可視化してみよう。

9. アニメーション用ライブラリのロード
まず、アニメーション用のライブラリをインストール、ロードする。以下は上から数えて9つ目のセルになるはずだ。

```
!pip install apng
from apng import APNG
```

10. アニメーション用のソルバ
次に、アニメーション用の探索ルーチンを書く。ほとんど solve と同じだが、毎ステップの状態をファイルに保存する処理が追加されている。

```
def solve_anime(x, y, step, maze, files):
```

```
    if maze[x][y] == '*':
        return
    if isinstance(maze[x][y], int):
        return
    maze[x][y] = step
    index = len(files)
    filename = f"file{index:03}.png"
    save_image(maze,filename)
    files.append(filename)
    solve_anime(x+1, y, step+1, maze, files) # 右を探索
    # 残りを埋めよ
```

11. アニメーションの保存

先ほど読み込んだ迷路データは「探索済み」になっているため、ファイルから読み込み直して、solve_anime を使って探索し直そう。

```
with open('maze.pickle', 'rb') as f:
    maze = pickle.load(f)
files = []
solve_anime(1,1,0,maze,files)
```

上記を実行することで、探索の様子が連番のファイル (file000.png, file001.png, …) に保存され、そのファイルリストが files に帰ってくる。

12. アニメーションの表示

得られたファイルリストを使ってアニメーションを作成しよう。以下を実行せよ。

```
APNG.from_files(files, delay=50).save("animation.png")
IPython.display.Image("animation.png")
```

ここまで正しく組めていれば、探索の様子がアニメーションで表示されたはずである。アニメーションの様子を見て、この迷路をどのように探索しているか考察せよ。特に、探索が最後まで後回しになるパスがあるが、これはなぜか？　そのような場所はどのように決まっているだろうか？

13. 大きな迷路

もし時間があるなら、もう少し大きな迷路も解いてみよう。以下を順番に実行せよ。
大きな迷路ファイルのダウンロード。

```
!wget https://kaityo256.github.io/python_zero/recursion/largemaze.pickle
```

大きな迷路のアニメーション用データの作成（数分待たされる）。

```
with open('largemaze.pickle', 'rb') as f:
    maze = pickle.load(f)
files = []
solve_anime(1,1,0,maze,files)
```

大きな迷路のアニメーション作成（これは数秒で終わるはず）。

```
APNG.from_files(files, delay=50).save("animation.png")
IPython.display.Image("animation.png")
```

大きな迷路のアニメーションが表示されれば成功である。

進化するオセロ AI を作った話

再帰プログラムは、パズルを解いたり、将棋などの思考ルーチンに使うことができる。筆者が高校生の頃、再帰を使ってナンプレやイラストロジックといったペンシルパズルをプログラムで解いて遊んでいたが、そのうち「オセロの思考ルーチンを進化させる」ということを思いついた。オセロでは「なるべく端や角を取りたい」「端や角の隣は取りたくない」という戦略があるのを知っているであろう。これを数値化し、「角に石がおけたら +10 点、角の両隣の場所に石をおいたら -5 点」といった「得点マップ」を作り、そのマップの値を「遺伝子」として変化させることで強いオセロ AI を作ることを考えたのだ。

オセロは 8x8 で 64 個のマスがあるが、対称性で 10 種類に落とすことができる。10 種類のマスそれぞれに得点を対応させた。10 個の数字列が決まれば、得点マップができるので、オセロの思考ルーチンが決まる。つまり、オセロの思考ルーチンの強さはこの数字列で決まる。最初は乱数で作った数字列同士を戦わせ、勝った方は子供を作ることができる。子供の遺伝子は親の数字列を少し変化させる。これは、10 個の数字をオセロ思考ルーチンの「遺伝子」とみなし、それぞれの思考ルーチンを生命だと思えば、勝負に勝てなくては生き残れない弱肉強食の世界を表現したことになる。これは簡単な遺伝アルゴリズムになっているが、当時の筆者はそんな言葉は知らなかった。とにかくプログラムを書いた筆者は、夜プログラムをスタートして、朝を楽しみにしながら眠りについた。

次の日、目が覚め、ファンの音からパソコンが動きつづけていることを知り、オセロプログラムを走らせていたことを思い出す (当時の PC はファンの音がうるさかった)。 わくわくしながら結果を見たが、およそ強いとは思えない数字が並んでいた。実際に戦ってみると非常に弱い。そんなはずは……と思い、プログラムのログを調べてみると興味深いことがわかった。戦国の世が続いたかと思うと、しばらく勝ちつづける強者があらわれる。しかし数連勝したあと**暫定王者にのみ勝てる弱者**が現れ、再び戦国の世に戻ってしまうのだ。

このプロジェクトはそのままになっていたが、ふと大学院でこれを思い出し、もう一度試してみた。高校生の時には勝ち抜き戦だったのをリーグ戦として、乱数の振り方も工夫し、「平均的に強い個体」が残るようにしたつもりだったが、やはり「ちょっと強い個体がしばらく帝国を築くのだが、しばらくすると『そいつにだけ勝てる奴』が生まれてしまい、また戦乱の世に戻る」という同じ状況になってしまった。ここでオセロのような一対一の対戦では「三すくみ」の状態があり得ると気がついた。三すくみの関係があれば、どれか一つが優勢になることはなく、「進化」が延々堂々巡りになってしまう。というわけで、素人のお遊びのようなシミュレーションであったが、このプロジェクトから学ぶことは多かった。特に、それまで漠然と「進化」という言葉に「一方通行」のイメージを持っていた筆者は、その認識を改めることになった。

第8章 クラスとオブジェクト指向

本章で学ぶこと
- ☑ オブジェクト指向
- ☑ クラスとインスタンス

8.1 オブジェクト指向

オブジェクト指向プログラミング (object-oriented programming) という開発方法がある。オブジェクト指向によりプログラムを組むという方法論だ。では、オブジェクト指向とは何か。実は筆者にもよくわからない。この言葉の意味するところはプログラミング言語によって異なるし、人によっても違うイメージを持っているであろう。とりあえずここでは「オブジェクト指向とは、プログラミング技法の一種である」と思っておけば良い。

オブジェクト指向には様々なキーワードが出てくる。例えば以下のようなものだ。

- オブジェクト
- クラス
- コンストラクタ
- インスタンス
- メッセージ
- カプセル化
- ポリモーフィズム
- 継承と合成

これらについて「たとえ話」を使って説明することはできる。それを聞いて「ぼんやりとわかった気」にもなるだろう。しかし、個人的な経験でいえば、オブジェクト指向の用語を「たとえ話」で「わかった気」になってもほとんど意味がない。あくまでもオブジェクト指向はプログラミング技法の一種であり、プログラムを組みながらその感覚を身につけるものだ。そこで、本書では詳細には触れず、とりあえずクラスを使ったプログラムを組むことで記述の仕方に慣れることを目標にしよう。本書を

読み終わった後に、

> ひな形であるクラスから作ったオブジェクトをインスタンスと呼ぶ。オブジェクトは内部状態
> を持ち、メソッドというインタフェースを公開している。プログラマはメソッドを呼ぶことで
> オブジェクトにメッセージを送ることができる。

という文章がだいたい理解できていればそれでよい。

8.1.1　オブジェクト

オブジェクト指向には、**オブジェクト（object）**という概念が出てくる。これは「データ（内部状態）」と「振る舞い」をまとめたものだ。オブジェクト指向プログラミングでは、オブジェクトに何か処理を「依頼」することでなんらかの処理をする。この「依頼」を**メッセージ（message）**と呼ぶ。Python では、次のような形でオブジェクトにメッセージを送る（図 8.1）。

図 8.1　オブジェクトとメッセージ

```
obj.do_something()
```

ここで、ピリオドの左にある obj がオブジェクトであり、メッセージを受け取るので**レシーバ（receiver）**と呼ばれる。逆に、メッセージを送る側は**センダー（sender）**という。ピリオドの右にある do_something() は**メソッド（method）**と呼ばれる。Python では、オブジェクトの持つメソッドを呼び出すことでメッセージを送る。オブジェクトは、自分の「状態」を持ち、メソッドという外部インタフェースを持つ。

8.1.2　カプセル化

なぜオブジェクト指向プログラミングをするかというと、それはオブジェクトに責任を移譲するためだ。例をあげよう。社員データをまとめたデータベースがある。社員データは以下のデータを持つ。

- 名前（文字列）
- 年齢（整数）
- 所属部署（文字列）

各データには以下の制約がある。

- 名前は 20 文字以内
- 年齢の数値は正
- 所属部署は「A 課」「B 課」「C 課」のいずれか

　さらに、データはウェブから入力されたり、ファイルから追加されたりと、複数の新規作成パスがあるとする。

　この状態で、まずウェブルーチンで何かしらチェックをする。

```
if len(name) > 20:
    # エラー処理
if age < 0:
    # エラー処理
if group not in ["A課", "B課", "C課"]:
    # エラー処理
# データ追加処理
data.add(name, age, group)
```

　同様に、ファイルからの入力でもチェックをしなければならない。

```
if len(name) > 20:
    # エラー処理
if age < 0:
    # エラー処理
if group not in ["A課", "B課", "C課"]:
    # エラー処理
# データ追加処理
data.add(name, age, group)
```

　さて、この状態で、将来「D 課」が増えた時、両方のルーチンを修正しなければならない。このように似たような処理を複数回記述していたら危険信号である。いまはデータはウェブとファイルのみから入力されると思っているが、実はいつのまにか別のパスが増えているかもしれない。そこに気がつかないと修正漏れが生じて、それはそのままバグの原因となる。

　ここで問題だったのは「どこでデータがいじられているかわからない」ということだ。そこで、考え方を変えて「社員データが正しいかどうかは、社員データ自身が知っているべき」と考えよう。そこで、社員データ「オブジェクト」というものを作る。そして、社員データが正当なものであるかの

判断は社員データに問い合わせ、問題なければデータを追加する形にしよう（図8.2）。

```
person = EmployeeData(name, age, group)
if person.is_valid():
    data.add(person)
```

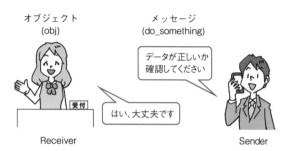

図 8.2　データの正しさをオブジェクト自身に問い合わせる

　データの正しさは、person.is_valid() という関数（メソッド）の中で行うことにする。もちろんその中身は自分で記述しなければならないが、プログラムを見ると、「データが正しいことを確認する責任が、呼び出し側から、オブジェクト側に移譲されている」ことがわかるであろう。これにより、データが正しいかどうかのチェックは必ず person.is_valid() で行われることが保証されるため、将来、データの整合性の条件が変更されても、修正箇所は person.is_valid() 一箇所だけでよく、呼び出し側の修正は不要となる。

　このように、「データ」を外から見えないようにして、そのデータの修正や追加のためのインタフェースを作って外に公開することを**カプセル化（encapsulation）**と呼ぶ。カプセル化は、オブジェクトの内部状態を外から隠蔽し、修正する「窓口」を一元化することで、知らない間にデータが修正されている、という事態を防ぐ方法論だ。

　今回、カプセル化したのは「各所に散らかっていた似たようなコードを一つにまとめるため」であった。「同じ情報は一箇所にまとめる」という原則を Don't Repeat Yourself の頭文字をとって**DRY原則**と呼ぶ。DRY 原則はプログラムだけでなく、一般的な作業フローにおいても有用な概念なので覚えておくと良い。

8.1.3　How と What

　オブジェクト指向プログラミングの例をもう一つ挙げよう。ウェブで、入力ミスのある項目のラベルを赤字にしていたとする。例えばこんなコードになるだろう。

```
label.color = red
```

その後、もっと目立たせるために、さらに太字にすることにした。

```
label.color = red
label.face = bold
```

さて、赤太字にしてみたら、あまりに色が強いので、もう少し違う色にすることにした。この時、ラベルの色を変更している場所全てを変更しなければならない。これは DRY 原則に反する。

我々がやりたいこと (What) は、「ラベルを目立たせたい」ということであって、ラベルの色を変えたり太字にしたりするのは、その実現手段 (How) であったのだが、もとのコードでは What と How が一体化していたのが問題であった。そこで、やりたいこと (What) と、その実現手段 (How) がより明確に分かれるようにしよう。

具体的には、ラベルに alert() というメソッドを作り、ラベルを目立たせたい時には label. alert() を呼ぶ、と約束する。

```
label.alert()
```

そして、目立たせるための実装は、ラベルクラスの alert メソッド内に記述する。

```
class Label:
    def alert(self):
        self.color = red
        self.face = bold
```

オブジェクト指向であろうかなんであろうが、同じことを実現しているのだから、結局は同じプログラムを書かなければならない。しかし、このような形にすることで、呼び出し側はラベルに「目立ってね」と依頼し、その目立ち方はラベルに任せる、という気持ちでプログラムが組める。こうして置くと、後で「目立たせ方」を変えたい、と思った時に修正箇所は一箇所で済むため、仕様変更に強いコードになる。

すなわち、オブジェクト指向プログラミングとは、

- オブジェクトに責任を移譲し
- How (実装) ではなく What (やりたいこと) に集中することで
- 仕様変更に強いプログラムを組む

ための方法論である。

8.2　クラスとインスタンス

オブジェクト指向プログラミングにおいては、オブジェクトが中心的な役割を果たすが、そのオブジェクトの作り方には大きく分けて**クラスベース（class based）**と**プロトタイプベース（prototype based）**の2種類が存在する。

クラスベースとは、クラス（Class）という雛形を作っておき、その雛形からオブジェクトを作る方法である。クラスから作られたオブジェクトを、そのクラスの**インスタンス（instance）**と呼ぶ。C++やJava、Python、Rubyなどがクラスベースのオブジェクト指向言語である。インスタンスを作ることを**インスタンス化（instantiation）**と呼ぶこともある。

一方、プロトタイプベースでは、「プロトタイプ」と呼ばれる別のオブジェクトを複製することで新しいオブジェクトを作る。このタイプではJavaScriptが有名だ。

8.2.1　クラス定義

Pythonはクラスベースの言語であるため、まずクラスを定義し、そのクラスをインスタンス化することでオブジェクトを作る。

クラスは class クラス名 : という形で宣言する。

例えば、呼び出されるたびに、呼び出した回数を返すようなカウンターオブジェクトを作ってみよう。

```
class Counter:
    def __init__(self):
        self.__num = 0

    def count(self):
        self.__num += 1
        print(self.__num)
```

classというキーワードがクラスを作る宣言である。__init__というのはクラスの初期化のためのメソッドで、**コンストラクタ（constructor）**と呼ばれる（正確には__init__はコンストラクタから呼ばれる初期化関数であるが、ここではコンストラクタと同一視しておいて良い）。第一引数に selfを指定するのが慣例となっている。ここで self.__num という変数を宣言し、0に初期化している。self.をつけることで、このクラスの状態を保持する変数になる。このクラスに何かさせるためには、メッセージを送るためのメソッドが必要だ。ここでは count というメソッドを作った。やはり引数として self を指定し、self.__num で呼ばれた回数をインクリメント（値に1を足すこと）してから、その数字を表示している。

このクラスからオブジェクトを作ってみよう（図8.3）。

```
c = Counter()
```

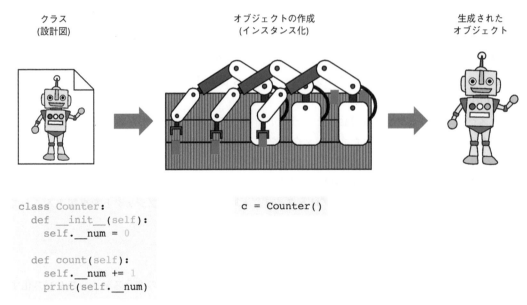

クラス
(設計図)

オブジェクトの作成
(インスタンス化)

生成された
オブジェクト

```
class Counter:
  def __init__(self):
    self.__num = 0

  def count(self):
    self.__num += 1
    print(self.__num)
```

c = Counter()

図 8.3　クラスからのオブジェクトの生成

　クラス名を関数のように呼び出すと、このクラスのオブジェクトが作られ、それが返される。この時、内部的に __init__ が呼ばれている。こうして作られたオブジェクトを、元になったクラスのインスタンスと呼ぶ。

　コンストラクタから返された c がカウンターオブジェクトだ。このオブジェクトのメソッドを呼ぶことでメッセージを送ることができる（図 8.4）。

```
c.count() # => 1
c.count() # => 2
c.count() # => 3
```

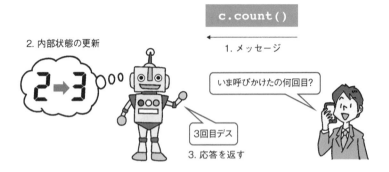

`c.count()`

1. メッセージ

2. 内部状態の更新

2➡3

いま呼びかけたの何回目?

3回目デス

3. 応答を返す

呼び出し側は内部(実装)がどうなっているか知らない

図 8.4　メソッド呼び出し

c.count() 呼ぶ度に表示される数字が増えていくのがわかる。クラスから別のオブジェクトを作ることもできる。

```
c2 = Counter()
c2.count() # => 1
c2.count() # => 2
```

新たに作られたカウンターオブジェクト c2 は、自分自身の内部状態を持つ。

さて、こうして作ったカウンターの初期値はつねに 0 だが、任意の初期値を与えたくなったとしよう。この時、__init__ に引数を渡すことで、初期値を与えるようにできる。

```
class Counter:
    def __init__(self, ini = 0):
        self.__num = ini

    def count(self):
        self.__num += 1
        print(self.__num)
```

```
# 何も指定しなかった場合、初期値が 0 になる
c = Counter()
c.count() # => 1
# 初期値を指定することもできる
c2 = Counter(10)
c2.count() # => 11
```

オブジェクト.メソッド名(引数)という形で呼ぶと、暗黙に第一引数としてオブジェクト自身が渡され、それを慣習として self という名前で受け取る。

さて、ここで、カウンタークラスはカウント値を属性として持ち、それを修正するメソッド count() を公開しており、カプセル化の例となっている。ここで、属性 __num は外からアクセスできない。

```
print(c.__num)
# => AttributeError: 'Counter' object has no attribute '__num'
```

これは、変数の名前の頭にアンダースコア 2 つ「__」がついているためだ。アンダースコアがついていない属性は普通にアクセスができる。

```
class Hoge:
    def __init__(self):
        self.value = 123

h = Hoge()
print(h.value) # => 123
```

実は、Pythonではアンダースコアが2つつけられた属性は、名前が_クラス名__属性名に変更される。これを**マングリング (mangling)** と呼ぶ。マングリングされた名前を直接指定すれば隠し属性にアクセスできるが、バグのもとなのでやらない方が良い。メソッドでも同様なことができる。

8.3　オブジェクト指向プログラミングの実例

オブジェクト指向プログラミングの意義を短時間で伝えるのは難しい。しかし、より学びたい人のために簡単な実例を挙げておこう。

いま、株式会社「Hoge」があり、その社員の名簿がある。社員は社員IDとメールアドレス（例えばsato@hoge.co.jp）を持っている。プログラマである田中君は、それをリストで実装した。

```
name = [" 佐藤 "," 鈴木 "," 高橋 "," 田中 "]
address = ["sato", "suzuki", "takahashi","tanaka"]
```

メールアドレスの@の右側は全員同じなので、@の左側の部分だけ保存されている。例えば鈴木さんは社員番号1番であり、メールアドレスは、

```
sato_address = address[1] + '@hoge.co.jp'
```

で取得できる。さて、この会社が戦略的な理由により、子会社「Fuga」を作成し、高橋さんが社長としてその会社に移ることになった。田中くんは「メールアドレスの@の右側は全社員同じ」という前提でプログラムを作ってしまっていたので、全プログラムの社員アドレスを取得している箇所を修正しなければならない。

また、子会社ができたことにより、社員番号の扱いも変えなければならない。高橋さんは子会社Fugaの社員番号0番であるべきだ。どうしよう？　別に所属会社と社員番号のリストを作るべきだろうか？　今後両方に所属する人が出てきたら？　今後何か変更があるたびにプログラムを全部書き直さなければならないだろうか？

上記のプログラムは、「名前やアドレスを管理したい」という「目的」と、「それをどう実現するか」という「実装」がべったりくっついているところに問題があった。オブジェクト指向プログラミングでは、「目的（振る舞い）」と「実装」を分離する。

実装はともかく、社員データベースdatabaseがあり、そこに社員名を問い合わせればアドレスを教えてくれるようになっているとしよう。イメージはこんな感じである。

```
takahashi_address = database.address(" 高橋 ") # => takahashi@fuga.co.jp
tanaka_address = database.address(" 田中 ") # => tanaka@hoge.co.jp
```

こうしておくと、将来子会社が増えた時、databaseの内部実装は変更する必要があるが、databaseに問い合わせている上記の部分のプログラムを修正しなくて良い。

このプログラムは全社員に通し番号で社員番号を付与しているかもしれないし、会社ごとに異なる

データベースを持っているかもしれない。しかし、そんなことはプログラマは気にしなくて良い。

さて、今度は佐藤さんの役職も知りたいとしよう。こう書きたくなるだろうか？

```
sato_position = database.position(" 佐藤 ") # => 課長
```

オブジェクト指向に慣れた人なら、上記のプログラムに違和感を感じるだろう。「データベースに聞けばなんでも教えてくれる」ということは、「データベースが全ての情報を把握している」ということである。会社で「とにかくなんでもこの人に聞け」という人がいたら、その人の責任が過大であり、危険信号であることは想像できるであろう。

そこで、データベースは名前から「社員情報」というオブジェクトを返すことにして、細かい情報はそのオブジェクトに教えてもらおう。総合受付から担当秘書を教えてもらい、詳細は担当秘書に教えてもらうイメージだ（図 8.5）。

```
sato_info = database.info(" 佐藤 ")
sato_position = sato_info.position() # => 課長
```

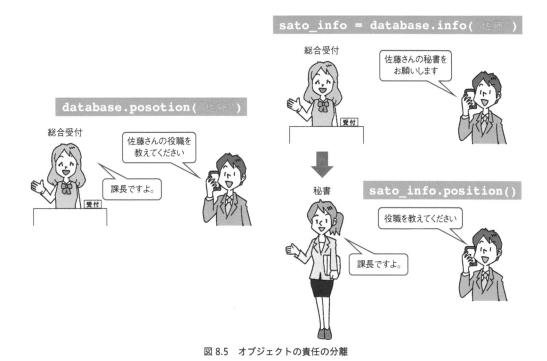

図 8.5 オブジェクトの責任の分離

一度、社員情報というオブジェクトを挟むことで、

- データベースオブジェクト（総合受付）は、名前から社員情報を返すのが仕事
- 社員情報は、担当する社員についての情報を担当（他の社員については知らない）

と、「誰がどこまで責任をもっているか」が明確になり、かつ「オブジェクト同士の責任が重なる」こともない。

　ちなみに sato_info を消して、メソッド呼び出しをピリオドでつなげることもできる。

```
sato_info = database.info(" 佐藤 ").position() # => 課長
```

　オブジェクト指向に慣れたプログラマは「こういうオブジェクトはこういう振る舞いをして欲しい」とか「このオブジェクト（クラス）の責任が多すぎるな」といった「お気持ち」を持つ。この「お気持ち」に沿ってプログラムを組むと、バグが少なかったり、将来の仕様変更に強いプログラムができる。オブジェクト指向はそういう「プログラミングノウハウ」を形として具現化したものだ。ある程度大きなプログラムを組んでみないと、このあたりの感覚を身につけることは難しい。

　本書も含めて、巷にあるオブジェクト指向の説明においては「たとえ話」が頻出する。たとえ話はなんとなくイメージを掴むのには有用であるが、オブジェクト指向がプログラミング技法である以上、いくらわかった気になっても実際に使えなければ意味がない。あくまでもプログラムの具体例に数多く触れ、経験を積み重ねていくのがオブジェクト指向の理解の近道であろう。

8.4　割りばしゲーム

　「割りばし」という 2 人で行う指遊びがある。地方によって名前やルールは様々だが、基本ルールは以下のようなものだ（図 8.6、図 8.7）。

1. じゃんけんなどで先攻、後攻を決め、お互い両手の人差し指を立てる
2. 先攻は、自分の好きな手で相手の好きな手を攻撃する
3. 攻撃された側は、攻撃された手の指を、攻撃した手の指の本数だけ増やす
4. この時、もし指が 5 本以上になったらその手は死ぬ
5. これを交互に繰り返し、両手が死んだら負け

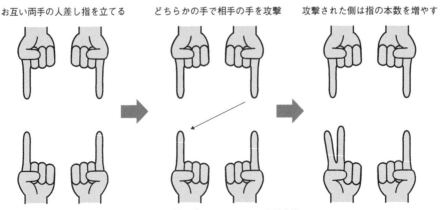

図 8.6　割りばしのルール 1：攻撃方法

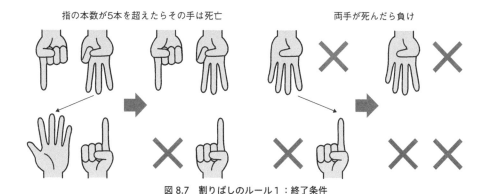

指の本数が5本を超えたらその手は死亡   両手が死んだら負け

図 8.7 割りばしのルール 1：終了条件

追加ルールやバリエーションとして、以下のようなものがある。

- mod ルール：攻撃された時、「ちょうど 5」でなければ死なず、指の本数は 5 で割った余りになる
- 分身ルール：自分の手番で、手が 1 本死んでいる時、指の総数が変わらないように両手に指を分けることができる
- 自分攻撃：自分の手で自分を攻撃することを許す

特に mod ルールはかなり広い範囲で採用されているようだ。筆者の住んでいた地域では「割りばし」と呼ばれているものの、これが決定的な名前ではないらしく、ウィキペディアでは数字を増やす遊び[1] と紹介されている。

さて、簡単のため、基本ルールだけを考えよう。死んだ手の指の本数を「5 本」と数えると、お互いの指の本数は、ターン毎に必ず増加する。したがって、千日手は存在しない。また、指の本数は 20 本を超えることはできないため、必ず有限ターンでゲームが終わる。また、勝負が決まるのは相手の最後の手を殺した時だけなので、引き分けは存在しない。ランダム要素もないため、先手か後手のどちらかが必勝であることがわかる。

実際、このゲームは後手必勝である。このゲームを題材に、クラスを使いつつ、本格的な再帰プログラムを組んでみよう。

1) https://ja.wikipedia.org/wiki/%E6%89%8B%E3%82%92%E7%94%A8%E3%81%84%E3%81%9F%E9%81%8A%E3%81%B3#%E6%95%B0%E5%AD%97%E3%82%92%E5%A2%97%E3%82%84%E3%81%99%E9%81%8A%E3%81%B3

8.5 ✐課題 クラスとオブジェクト指向

8.5.1 課題 1　割り箸ゲームの状態クラスの実装とテスト

新しいノートブックを開き、waribashi.ipynb という名前をつけよ。

1. ライブラリのインポート

まず最初のセルに、後で必要となるライブラリをインポートしておこう。

```
import IPython
from graphviz import Digraph
```

2. 状態クラスの実装

初期化関数

まず、割りばしゲームの「状態」を表すクラス State を実装しよう。割りばしゲームの状態としては、先手番であるか否か is_first、先手番の指の本数 f、後手番の指の本数 s がある。また、「自分から遷移可能な状態」のリストも持っておこう。後で描画に必要となるので「遷移可能な状態」 siblings、「この状態を描画したかどうか」is_drawn もつけておこう。2 つ目のセルに以下を入力せよ。

```
class State:
    def __init__(self, is_first, f, s):
        self.is_first = is_first
        self.f = [max(f), min(f)]
        self.s = [max(s), min(s)]
        self.siblings = []
        self.is_drawn = False
```

入力したら、インスタンスを作れることを確認しよう。3 つ目のセルに以下のように入力、実行し、エラーが出なければ成功である。

```
s = State(True,[1,1],[1,1])
```

確認が終わったら、3 つ目のセルを削除しておくこと。

文字列変換メソッド

次に、状態を文字列に変換するメソッドを追加しよう。2 つ目セルの State クラスの __init__ メソッドの後に __str__ というメソッドを追加する。この時、__init__ と同じインデントにすること。

```
class State:
    def __init__(self, is_first, f, s):
        self.is_first = is_first
        self.f = [max(f), min(f)]
        self.s = [max(s), min(s)]
        self.siblings = []
        self.is_drawn = False

    def __str__(self):
        s = str(self.f) + "\n" + str(self.s)
        if self.is_first:
            return "f\n" + s
        else:
            return "s\n" + s
```

追加したらこのセルを再度実行してから、3つ目のセルで以下を実行せよ。

```
s1 = State(True,[1,1],[1,1])
s2 = State(False,[1,1],[1,1])
s3 = State(True,[3,1],[2,4])
print(s1)
print(s2)
print(s3)
```

以下のように表示されれば成功である。

```
f
[1, 1]
[1, 1]
s
[1, 1]
[1, 1]
f
[3, 1]
[4, 2]
```

上記が正しく表示されたら、3つ目のセルを消しておこう。

比較メソッド

次に、オブジェクトの比較メソッド __eq__ を作ってみよう。比較メソッドとはa == bとした際に、aとbが等しいか判定するのに使われるメソッドだ。2つ目のセルの State クラスの __str__ の後に以下のように追加しよう。

```
    def params(self):
        return (self.is_first, self.f, self.s)
```

```
    def __eq__(self, other):
        return self.params() == other.params()
```

params は、自分の状態をタプルとして返す関数で、__eq__ は、2つのオブジェクトの params() の返り値を比較して等しいかどうかを判定している。これを実装後、3つ目のセルで以下を実行してみよう。

```
s1 = State(True, [1,1],[1,1])
s2 = State(True, [1,1],[1,1])
s1 == s2
```

結果として True と出てくれば成功である。動作確認が終わったら3つ目のセルを消しておくこと。

次の状態の生成

現在の状態から次の状態を生成するメソッドを作ろう。現在の状態に対して「先手側の手の左右」と「後手側の手の左右」を選べば、次の状態が決まる。先手側の手を fi、後手側の手を si としよう。それぞれ0と1の値をとる変数で、0が左手、1が右手である。ただし、指の本数が大きい方を必ず左手にするように入れ替える。例えば現在先手番で、(fi, si)==(0,0) ならば、先手が左手で後手番の左手を攻撃したという意味になり、現在後手番で (fi, si)==(0,1) ならば、後手番が右手で先手番の左手を攻撃した、という意味になる。

以上を実装してみよう。2つ目のセルの State クラスに以下のメソッドを追加せよ。

```
    def next_state(self, index):
        fi, si = index
        if self.f[fi] == 0 or self.s[si] == 0:
            return None
        d = self.f[fi] + self.s[si]
        f2 = self.f.copy()
        s2 = self.s.copy()
        if d >= 5:
            d = 0
        if self.is_first:
            s2[si] = d
        else:
            f2[fi] = d
        return State(not self.is_first, f2, s2)
```

追加したら、正しく実装できたか確認してみよう。3つ目のセルに以下を入力して出力を確認せよ。

```
s1 = State(True, [1,1],[1,1])
s2 = State(True, [1,0],[1,1])
print(s1.next_state((1,1)))
print(s1.next_state((1,0)))
print(s2.next_state((1,0)))
```

以下のような出力が出てくれば正しく入力されている。

```
s
[1, 1]
[2, 1]
s
[1, 1]
[2, 1]
None
```

最終的に2つ目のセルにある State クラスには、以下の5つのメソッドが実装されたはずである。

- `__init__`
- `__str__`
- `params`
- `__eq__`
- `next_state`

ここまで正しい動作が確認できていれば、確認のための3つ目のセルは削除して良い。

8.5.2 課題2 状態遷移図の可視化

割りばしゲームの状態遷移図（ゲーム木）を作るには、

1. まず状態（ノード）が与えられた時、その状態から遷移可能な状態を生成する
2. その状態が合法手であれば、自分にそれを追加する
3. 追加した全ての状態について、再帰的に以上を繰り返す

という処理をすれば良い。

ただし、異なるパスで同じ状態に遷移する可能性があり、それらを「同じノード」としてまとめたいため、それをハッシュで実装する。具体的には、生成された状態の文字列をキーとしてハッシュに登録し、ハッシュに登録済みの状態ならその状態を、そうでなければ登録する、という処理を加える。

3. 関数 move の実装

「次の合法手」を探索する関数 move を3つ目のセルに入力せよ（3つ目のセルが残っていたらまず削除すること）。State クラスのメソッドではないことに注意。

```python
def move(parent, is_first, nodes):
    for i in [(0, 0), (0, 1), (1, 0), (1, 1)]:
        child = parent.next_state(i)
        if child is None:
            continue
        if child in parent.siblings:
            continue
        s = str(child)
        child = nodes.get(s, child)
        nodes[s] = child
        parent.siblings.append(child)
        move(child, not is_first, nodes)
```

やっていることは以下の通り。

1. 現在の状態から遷移可能な 4 状態を生成する
2. それぞれが合法手であるか確認し、合法手でなければスキップ
3. もしすでに自分に追加されている状態ならスキップ
4. すでにハッシュ登録済みかチェック、登録済みなら登録した状態を取得、そうでないならいま作成した状態を登録する
5. 親に作成したノードを追加して、そのノードを親として再帰

4. 状態木を作成する関数 make_tree の実装

　次に、move に最初の状態を与えて、ゲーム木の**根 (root)** を作って返す関数を作る。4 つ目のセルに以下の関数を入力せよ。

```python
def make_tree():
    nodes = {}
    root = State(True, [1, 1], [1, 1])
    nodes[str(root)] = root
    move(root, True, nodes)
    return root
```

ここまで入力したら、5 つ目のセルに以下を入力して実行し、エラーがでないことを確認せよ。

```python
root = make_tree()
print(root)
```

最初の状態が以下のように表示されるはずである。

```
f
[1, 1]
[1, 1]
```

動作確認が終わったら、5つ目のセルは消してかまわない。

5. ゲーム木の可視化関数 make_graph の実装

先ほど root = make_tree() で作成した root は子ノードがぶら下がっており、さらに子ノードには孫ノードが……と木構造を作っている。これを Graphviz で可視化しよう。

5番目のセルに、以下のプログラムを入力せよ。

```
def make_graph(node, g):
    if node.is_drawn:
        return
    node.is_drawn = True
    ns = str(node)
    if max(node.f) == 0:
        g.node(ns, color="#FF9999", style="filled")
    elif max(node.s) == 0:
        g.node(ns, color="#9999FF", style="filled")
    else:
        g.node(ns)
    for n in node.siblings:
        g.edge(ns, str(n))
        make_graph(n, g)
    return g
```

6. ゲーム木の可視化

ここまでで、上から、

1. import 文
2. State クラスの宣言
3. move 関数
4. make_tree 関数
5. make_graph 関数

の5つのセルができているはずだ。それぞれが実行されていることを確認した後（不安なら再度実行した後）、一番下の6つ目のセルに以下を入力、実行せよ。

```
root = make_tree()
g = Digraph(format="png")
make_graph(root, g)
IPython.display.Image(g.render("test"))
```

ここまで正しく実装されていれば、ゲーム木が表示されるはずである。青が先手勝利、赤が後手勝利である。大きすぎて見づらい場合は、右クリックから「新しいタブで画像を開く」を選ぶと見やすいかもしれない。

▌8.5.3 発展課題 枝刈り

さて、無事にゲーム木が表示されたが、そのグラフを見ても何がなんだかわからないであろう。そこで、このゲームが後手必勝であることをプログラムで確認してみよう。

引き分けがないのだから、負けにつながる手を打たなければ勝てるはずである。先手に勝ち筋がある場合、当然先手はその手を打つ。したがって、後手は「先手に勝ち筋があるような状態につながる手」を打ってはならない。そこで、そこにつながる手を自分の子ノードリストから削除しよう。また、そうして削除していった結果、打てる手がなくなってしまうノードが出てくる（その状態になった時点で敗北確定）。このようなノードにつながる手も打ってはならないので、それも枝刈りする。こうして後手の負けにつながる枝を全て刈れば、後手必勝の手筋のみが残るはずである。

7. 枝刈り関数 prune の実装

7つ目のセルに、枝を刈るための関数 prune を実装せよ。

```
def prune(node):
    if max(node.s) == 0:
        return True
    if node.is_first:
        for n in node.siblings:
            if prune(n):
                return True
        return False
    if not node.is_first:
        sib = node.siblings.copy()
        for n in sib:
            if prune(n):
                node.siblings.remove(n)
        if not node.siblings:
            return True
    return False
```

先ほどのアルゴリズムの通りに実装しただけだが、再帰に慣れていないと理解しづらいかもしれない。もしわからなくても「そういうものだ」と思っていまはスルーしてかまわない。

8. 枝刈り後のゲーム木の表示

8つ目のセルに、枝刈りをした後のゲーム木を表示するプログラムを書こう。

```
root = make_tree()
prune(root)
g = Digraph()
make_graph(root, g)
```

6つ目のセルの2行目に prune(root) を追加しただけなので、6つ目のセルの内容をコピペして編集しても良い。正しく実装できてれば、青い状態、つまり先手勝利の状態が消え、赤い状態しかな

い木、つまり後手必勝の遷移図が出てきたはずである。これを見ると、先手がどのような手を打とうとも、後手が最善手を打つと、必ず後手勝利になることがわかる。

後手必勝の確認

友人と実際にこの図に従って「割りばし」ゲームをやってみて、どのようにしても後手必勝であることを確認せよ。

心理的安全性

　子育てをしていると、たまに「ヒヤリ」とすることがある。いつの間にか子供が危険なもので遊んでいた、危険なものの近くにいた、ふと目を離した隙にいなくなった……そんな「ヒヤリ」としたり「ハッと」したりする、重大事故一歩手前の状態を俗に「ヒヤリハット」と呼ぶ。そんな「ヒヤリハット」をブログなどに書いた時の、まわりの人の反応を想像してみて欲しい。「そんな危険な目に合わせるなんて子供がかわいそう」「○○に気をつけないなんて親として失格」という非難のコメントが付きそうな気がするであろう。このように「ヒヤリハット」を公開し、非難された親はどうするか。「次回は気をつけよう」と思う以上に「子育てのヒヤリハットはネットに公開してはいけない」と学ぶであろう。そして、そのブログの読者が「うちも気をつけよう」と思うような貴重な情報の共有機会が失われることになる。

　同様なことが会社組織などで起きる。工事現場で危険な目にあったことを何気なく上長に伝えたら「危ないだろ！　気をつけろ！」と叱責されたとしよう。その部下は次から危険な事例を報告しなくなるだろう。頻繁に「ヒヤリハット」が発生するということは、安全性になんらかの根本的な問題があるという重要なサインなのであるが、それを言い出しづらい雰囲気の中では「危険の芽」は黙殺され、そのうち重大事故につながってしまう。このような「ネガティブな報告」をしづらい雰囲気がまずいことは感覚的にわかるであろう。逆に、「ネガティブな報告をしても責められない、初歩的な質問をしても馬鹿にされない」状態を「心理的安全性が保たれた状態」と呼ぶ。心理的安全性（Psychological Safety）は、Google の働き方の研究、Project Aristotle[2] の報告から広まったものだ。

　心理的安全性なしに数値目標の向上を目指すと、必ずまずい状態になる。例えば、あるソフトウェア開発グループでは、「バグゼロ」を目指し、バグの報告が多い部署は「目標達成度が低い」とみなされた。すると、当然のことながらバグを見つけてもそれはバグとして報告されず、例えば「機能追加の要望」などとして処理されるようになった。数字の上では全体的に「報告される」バグの数は激減したが、これが望ましい状態ではないことは明らかであろう。逆に、ある工場では、製品の完成チェック時に必ず一定数以上の問題を見つけることを強制した。すると品質管理部は、たとえほとんど問題がない製品でも言いがかりのような問題を見つけて報告するようになり、工場ではそれに対抗して、わざと目に付きやすい問題点を残すようになった。「バグが許されない職場」は「バグが報告されない職場」になり、「問題を必ず見つける職場」では「問題を必ず作る職場」になってしまった。

　共通するのは心理的安全性であり、もっといえばチームの目的意識の共有である。我々は本質的なバグの数を減らしたいのであって、バグの報告を減らしてはならない。「心理的安全性なしに数字のみを重視すると、必ず数値ハックされる」ということは心に留めておきたい。

---

2)　https://rework.withgoogle.com/blog/five-keys-to-a-successful-google-team/

NumPy と SciPy の使い方

- [ ] NumPy の使い方
- [ ] SciPy の使い方

9.1　ライブラリ

スクリプト言語は同時通訳で、コンパイラ言語は事前翻訳である。なんとなく同時通訳で情報を処理するより、事前に全て翻訳しておいた方が実行が速そうな気がするであろう。スクリプト言語よりもコンパイラ言語の方が「同時通訳」というオーバーヘッドがなく、さらにコードの最適化に時間をかけられることもあって、「一般論としては」同じことをするならコンパイラ言語の方が早い。しかし、現実はさほど単純ではない。

一般に、スクリプト言語は豊富な**ライブラリ（library）**を持つ。ライブラリとは、よく使う機能をパッケージ化したものだ。ライブラリを活用することでよく使う機能を自分で開発する必要がなくなり、楽に速くプログラムを組むことができる。ライブラリは、その言語そのもので書かれたものもあるが、時間がかかる処理については C や Fortran などの言語で記述され、事前にコンパイルされている。特に数値計算ライブラリは高度に最適化されていることが多く、よほどのことがなければ自分で直接書くより Python からライブラリを呼び出した方が高速に実行できる。本書で扱う **NumPy** はそのような強力なライブラリの一つだ。

9.2　NumPy と SciPy

Python には強力なライブラリが多数存在し、それらを使いこなすことで、少ない記述で豊富な機能を素早く実装することができる。今回は、数多くのライブラリの中でも、数値計算、特に行列演算を効率的に行うことができる NumPy と、それを用いて様々な科学的な計算を行うことができるライブラリ、SciPy を使ってみる。

なお、NumPy や SciPy の使い方を覚える必要はない。ただ「Python には NumPy や SciPy というライブラリがあり、数行書くだけで行列の固有値問題を解くことができる」ということをぼんや

り覚えておいて、将来、必要になった時にそれを思い出して、詳細については本を読むなりウェブで検索するなりすれば良い。

9.3　NumPy の使い方

9.3.1　NumPy

数値計算では、行列を扱うことが非常に多い。行列がからむ演算の中で特に重要なのが、行列同士の積の計算だ。行列と行列の積を行列行列積と呼ぶ。スーパーコンピュータには Top500 という性能ランキングがあり、年に 2 回ランキングが更新されるが、そこで行われているベンチマークは巨大な連立 1 次方程式をどれだけ効率的に解くことができるか、という問題である。そして、その計算の中心は行列行列積である。したがって、Top500 における「スパコンの性能」は、「いかに行列同士の積を早く計算できるか」に依存している。

行列の積の定義そのものは簡単だ。普通にかけば三重ループで計算できる。しかし、現代の計算機では行列の乗算の効率的な実装は非常に面倒であり、「普通」に書くとまったく性能がでない。何しろ行列行列積は数値計算の根幹をなす演算であり、そこが遅いと非常に広範囲の計算が影響を受けてしまう。そこで、Python において行列を効率的に扱うためのライブラリが作られた。それが NumPy である。

9.3.2　NumPy 配列の作り方

NumPy を使うには、まず numpy をインポートする。np という別名をつけるのが慣習である。

```
import numpy as np
```

NumPy 用の配列（NumPy 配列）を作成するにはいくつか方法があるが、簡単なのは np.array にリストを与えることだ。

```
a = np.array([1,2,3])
print(a)
```

```
[1 2 3]
```

以下は 2 行 2 列の行列を作る例である。

```
a = np.array([[1,2],[3,4]])
print(a)
```

```
[[1 2]
 [3 4]]
```

要素が全てゼロの配列を作るには、zeros を使えば良い。

```
np.zeros((2,2))

z = np.zeros((2,2))
print(z)
```

```
[[0. 0.]
 [0. 0.]]
```

NumPy 配列のデータには「型」がある。Python のリストは複数の型の混在が許されたが、NumPy 配列は全て同じ型でなければならない。NumPy 配列のデータの型は dtype で調べることができる。

```
print(a.dtype) # => int64
print(z.dtype) # => float64
```

np.array で作った場合は、与えたリストから推定された型が使われるが、np.zeros の場合はデフォルトで float64 の型になる。明示的に型を指定すれば、その型のゼロ要素行列を得ることができる。

```
z2 = np.zeros((2,2),dtype=np.int64)
print(z2.dtype) # => int64
```

9.3.3 NumPy 配列同士の演算

NumPy 配列は、「形」を保持しており、shape でその形を知ることができる。shape は、タプルの形で返ってくる。

```
a.shape # => (2,2)
```

形が同じ行列同士は四則演算ができる。ここで * を計算すると、行列積ではなく、「要素ごとの積」を計算することに注意。

```
b = np.array([[5,6],[7,8]])
print(a*b)
```

```
[[ 5 12]
 [21 32]]
```

行列行列積を計算したい時には dot を用いる。

第9章

```
c = a.dot(b)
print(c)
```

```
[[19 22]
 [43 50]]
```

9.3.4　NumPy 配列の中身

NumPy 配列は、どのような「形」でも作ることができる。通常の行列は「行」と「列」のある 2 次元のデータだが、3 次元でも 4 次元でも作ることができる。しかし、NumPy 配列は、実はどのような形であろうとも 1 次元配列として保存されている。NumPy 配列は、1 次元のデータ shape プロパティによってどのような形として解釈するかを決めている。reshape を使うことで、データを変更せずに「形」を変えることができる。

連番の要素を持つ 1 次元の NumPy 配列を作るには、arange を使う。

```
a = np.arange(8)
print(a)
```

```
array([0, 1, 2, 3, 4, 5, 6, 7])
```

このデータを「4 行 2 列の行列」として解釈した NumPy 配列を得るには、以下のようにすれば良い。

```
b = a.reshape((4,2))
print(b)
```

```
[[0 1]
 [2 3]
 [4 5]
 [6 7]]
```

reshape にはタプルを渡す。総データ数さえ等しければどのような形にもできる。例えば (2,2,2) という形にもできる。

```
c = a.reshape((2,2,2))
print(c)
```

```
[[[0 1]
  [2 3]]

 [[4 5]
  [6 7]]]
```

reshape は、データ数が合わないとエラーとなる。

```
a.reshape((4,4)) # => ValueError: cannot reshape array of size 8 into shape (4,4)
```

9.4　SciPy

　SciPy は、NumPy を基礎にした科学計算ライブラリだ。非常に多くのことができるが、それゆえにその全てを説明することはできない。ここでは、行列の固有値と固有ベクトルだけ求めてみよう。

　固有値や固有ベクトルを求めるには scipy.linalg をインポートすれば良い。多くの場合、一緒に numpy もインポートするであろう。

```
from scipy import linalg
import numpy as np
```

　固有値、固有ベクトルは、linalg.eig で求めることができる。

```
a = np.array([[1,2],[2,1]])
w, v = linalg.eig(a)
```

　これで、w に固有値が、v に固有ベクトルがそれぞれリストの形で返ってくる。
　例えば固有値は、

```
print(w) # => [ 3.+0.j -1.+0.j]
```

　つまり「3」と「-1」である。一般に固有値は複素数となるが、今回のように入力が実対称行列（もしくはエルミート行列）であることがわかっていれば、エルミート行列向けの eigh が使える。

```
w, v = linalg.eigh(a)
print(w) # => [-1.  3.]
```

　エルミート行列の固有値は常に実数であるから、返り値も実数となる。

9.5　シュレーディンガー方程式

9.5.1　トンネル効果

　原子スケールのようなミクロの世界では、我々が普段目にする世界とは異なり、不思議なことがおきる。そのうちの一つ、「シュレーディンガーの猫」などは聞いたことがあるだろう。今回は量子力学における不思議の一つ、「トンネル効果」を NumPy を使って計算してみよう（課題 1）。

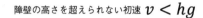

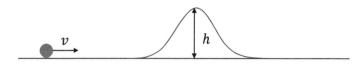

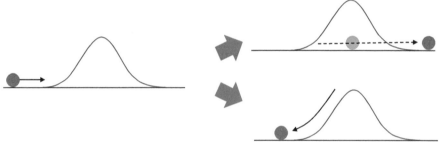

図 9.1　トンネル効果

　真っ直ぐな道の真ん中に、小さな山があるとしよう。山の高さを h とする。山の麓にボールを置いて、それに初速を与えて山の方に動かす。初速がある程度大きい時には山を超えることができるが、それより小さい場合は山を登りきれずに帰ってくることが予想される。摩擦や回転などを無視して、重力加速度を g、物体の質量を m としよう。初速 v を与えると、物体は運動エネルギー $mv^2/2$ を得る。山の頂上に行くためには、ポテンシャルエネルギー mgh が必要だ。以上から、山を登り切るためには $mv^2/2 > mgh$ だけのエネルギーが必要であるため、$v < \sqrt{2gh}$ の時には山を登り切ることができない。このように、量子力学が必要ないようなマクロな世界を古典系と呼ぶ。古典系では、初速が足りなければなんどトライしても山を超えることはできない。

　しかし、物体の波動性が効いてくるようなミクロな領域では古典系とは異なることが起きる。初期エネルギーが山を超えるのに必要なエネルギーより小さい場合でも、低確率で山をすり抜けて向こう側に行ってしまう。まるでトンネルを抜けたかのように見えるので、トンネル効果と呼ばれる（図9.1）。トンネル効果は、例えば走査型トンネル顕微鏡などに応用されている。

9.5.2 シュレーディンガー方程式

さて、マクロな物体の運動はニュートンの運動方程式で記述されるが、ミクロな現象は量子力学に支配されている。例えば電子の位置などはシュレーディンガー方程式に従う。時間非依存・一体・1次元のシュレーディンガー方程式は以下のように書ける。

$$\left(\frac{-\hbar^2}{2m}\frac{d^2}{dx^2} + V(x)\right)\psi(x) = E\psi(x)$$

ここで、$\hbar$はプランク定数、mは質量である。$V(x)$はポテンシャルで、位置xによる「高さ」を表しており、例えば先ほどの山の高度だと思えば良い。この方程式を解くことで波動関数$\psi(x)$を求めることができる。波動関数は、その2乗が「その位置に粒子 (例えば電子) を見出す確率」となる。したがって、シュレーディンガー方程式を解くとは、どの場所にどれくらいの確率で粒子が存在するかの確率を求めることに対応する。以下、簡単のため、$\hbar^2/2m$を1とする単位系をとる。

さて、この方程式を計算機で解くために離散化する。微分方程式の離散化は第13章で説明するので、以下はざっと読み飛ばして良い。先ほどの式にはxに関する2階微分があったが、これを、

$$\frac{d^2\psi}{dx^2} \sim \frac{\psi(x+h) - 2\psi(x) + \psi(x-h)}{h^2}$$

と近似する。離散化により、波動関数$\psi(x)$は、ベクトル$\vec{v}$で表すことができる。hを1とし、$\vec{v}$のi番目の成分をv_iとすると、上記の微分は、

$$\frac{d^2\psi}{dx^2} \sim v_{i+1} - 2v_i + v_{i-1}$$

と表現できる。右辺は配列の要素の加減算なのでプログラムするのは簡単だ。これを先ほどの微分方程式に代入すると、最終的に、

$$-v_{i+1} + 2v_i - v_{i-1} + V_i v_i = E v_i$$

という式が得られる。ただし、V_iは$V(x)$を離散化してベクトルにした時のi番目の要素だ。これを行列とベクトルで書き表すと、

$$H\vec{v} = E\vec{v}$$

という、行列の固有値問題になった。ただしHは図9.2のような要素を持つ行列である。

$$\begin{bmatrix} 2+V_1 & -1 & & & & & -1 \\ -1 & 2+V_2 & -1 & & & & \\ & -1 & 2+V_3 & -1 & & & \\ & & -1 & 2+V_4 & -1 & & \\ & & & & \vdots & & \\ -1 & & & & & -1 & 2+V_n \end{bmatrix}$$

図 9.2　H の行列要素

　長々と書いたが、この式を理解する必要はない。要するに「ミクロな世界はシュレーディンガー方程式で記述され、シュレーディンガー方程式は離散化により行列の固有値問題になる」ということがわかれば良い。行列の固有値問題を解くことで、任意のポテンシャル形状 $V(x)$ で、電子がどのように分布するかを計算することができる。課題では井戸型ポテンシャルに閉じ込められた電子の存在確率を計算することで、トンネル効果を見てみよう。

9.6　特異値分解による画像圧縮

　線形代数を学んでいれば、異なる行列の積を定義できることを覚えているだろう。例えば m 行 n 列の行列と、n 行 k 列の行列の積をとると、新たにできる行列は m 行 k 列となる（図 9.3）。

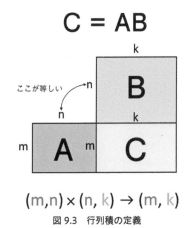

図 9.3　行列積の定義

　(m,n) の形をした行列と (n,k) の形をした行列から (m,k) の形をした行列ができるのだから、例えば 10 行 2 列の行列 A と、2 行 10 列の行列 B の積は、10 行 10 列の行列 C になる。この時、A、B の要素数はそれぞれ 20 個、合計 40 個だが、積をとってできる行列 C の要素数は 100 個となり、A、B の要素数の合計よりも多い。この事実を利用して、C という大きな行列を、A と B という「細長い」行列の積で近似することを考えよう（図 9.4）。

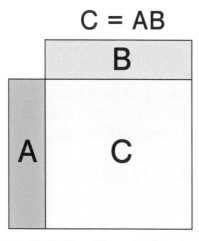

$$C = AB$$

AとBの要素数(面積)の合計はCの要素数より小さい

➡ 行列CをAとBで近似する

図 9.4　行列の近似

　つまり、何か行列 X が与えられた時、$\tilde{X} = AB$ という行列を作り、$\tilde{X}$ が元の行列 X をよく近似するように、なるべく「細長い」行列 A、B を探しなさい、という問題である。このような行列は、特異値分解（Singular Value Deconposition, SVD）という方法で作ることができる（図 9.5）。

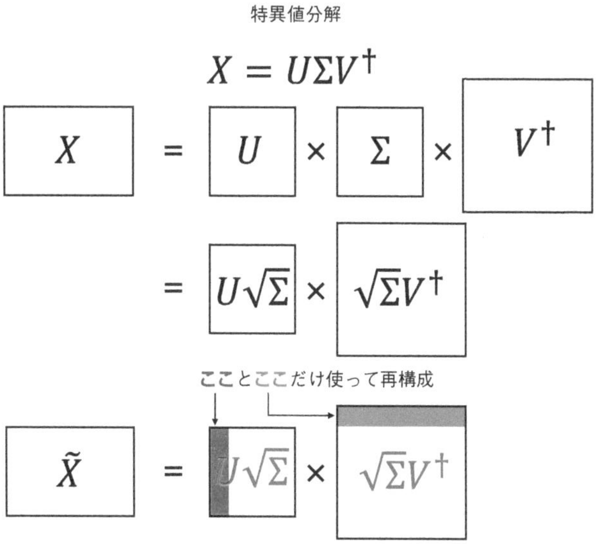

特異値分解

$$X = U\Sigma V^{\dagger}$$

$$\boxed{X} = \boxed{U} \times \boxed{\Sigma} \times \boxed{V^{\dagger}}$$

$$= \boxed{U\sqrt{\Sigma}} \times \boxed{\sqrt{\Sigma}V^{\dagger}}$$

こことここだけ使って再構成

$$\tilde{X} = \boxed{U\sqrt{\Sigma}} \times \boxed{\sqrt{\Sigma}V^{\dagger}}$$

図 9.5　特異値分解

いま、X という m 行 n 列の行列が与えられた時、次のように「分解」ができる。

$$X = U\Sigma V^{\dagger}$$

ただし、U は m 行 m 列、$V^{\dagger}$ は n 行 n 列のそれぞれ正方行列であり、Σ は対角行列である。この Σ の対角成分を特異値と呼び、全て非負の実数に取ることができる。

さて、真ん中の Σ を 2 つの $\sqrt{\Sigma}$ にわけて、それぞれ左右にくっつけると、$X = AB$ の形に書くことができる。この A の行列の「右端の帯」と、B の行列の「上端の帯」の積をとってできる行列 $\tilde{X}$ は、元の行列 X と同じ形であり、かつ良い近似になっている。これを「行列の低ランク近似」と呼ぶが、ここではその詳細は触れない。

課題では、行列の特異値分解と低ランク近似を利用して、画像圧縮をしてみよう（課題 2）。

9.7 📝 NumPy と SciPy の使い方

9.7.1　課題 1　シュレーディンガー方程式

シュレーディンガー方程式を離散化することで数値的に解いてみよう。新しいノートブックを開き、tunneling.ipynb という名前で保存せよ。

1. ライブラリのインポート

最初のセルはいつもどおりライブラリのインポートである。

```
import matplotlib.pyplot as plt
from scipy import linalg
import numpy as np
```

2. 行列の作成

次に、ポテンシャル $V(x)$ に対応するベクトル V と、微分方程式を差分化した行列 H を作成する。

```
N = 32
V = np.zeros(N)
V[N // 4:3 * N // 4] = -5.0
H = np.zeros((N, N))
for i in range(N):
    i1 = (i + 1) % N
    i2 = (i - 1 + N) % N
    H[i][i] = 2.0 + V[i]
    H[i][i1] = -1
    H[i][i2] = -1
```

3. 固有値と最低固有エネルギー

得られた行列の固有値、固有ベクトルを求め、さらに固有値の中でもっとも値が小さいもののインデックスを求めよう。3 つ目のセルに以下を入力、実行せよ。

```
w, v = linalg.eigh(H)
i0 = np.argmin(w)
print(w[i0])
```

最小値を求めるだけなら np.min(w) で良いが、後で対応する固有ベクトルを使うのにインデックスが必要なので、np.argmin(w) を利用している。

実行してみると、-5 よりも若干大きな値が表示されたはずである。これが「閉じ込めエネルギー」と呼ばれるものだ。なぜ「閉じ込め」と呼ばれるかは次のステップで可視化することで明らかとなる。

4. 波動関数の可視化

井戸型ポテンシャルに閉じ込められた波動関数の可視化をしてみよう。波動関数は、その 2 乗が電子の「存在確率」を表す。先ほど得た「最低固有エネルギー」に対応する固有ベクトルを 2 乗したものを、ポテンシャルと一緒にプロットしてみよう。4 つ目のセルに以下を入力せよ。

```
v = v[:, i0]
v = v * v
plt.plot(v * 20 + w[i0])
plt.plot(V)
```

波動関数とポテンシャルが同時にプロットされたはずである。波動関数は「そこに電子が存在する確率」である。その存在確率が少しだけ井戸の外にしみだしていることがわかるはずである。これが「トンネル効果」と呼ばれるものだ。

9.7.2　課題 2　行列の低ランク近似による画像処理

特異値分解による行列の近似を利用して、画像圧縮をしてみよう。高さ h ピクセル、幅 w ピクセルのモノクロ画像は、それぞれのピクセルの値を要素だと思えば、h 行 w 列の行列と考えることができる。それを特異値分解し、「細長い」2 つの行列に分離することでデータを圧縮する。「細長い行列」の行列積をとると元の大きさに戻るので、それを可視化することで復元された画像を得ることができる。

新しいノートブックを開き、svd.ipynb という名前で保存せよ。

1. ライブラリのインポート

1 つ目のセルで、必要なライブラリをインポートしよう。

```
import urllib.request
import numpy as np
from PIL import Image
from scipy import linalg
from io import BytesIO
```

2. 画像のダウンロード関数

圧縮する元の画像をダウンロードする関数を実装しよう。2 つ目のセルで以下を実行せよ。

```python
def download(url):
    with urllib.request.urlopen(url) as f:
        data = f.read()
        return Image.open(BytesIO(data))
```

3. 画像の表示

ダウンロード関数のテストをしよう。3 つ目のセルで以下を実行せよ。

```python
URL = "https://kaityo256.github.io/python_zero/numpy/stop.jpg"
download(URL)
```

カラー画像が表示されれば成功である。

4. モノクロへの変換

先ほどダウンロードした画像はカラー画像であり、各ピクセルに R、G、B の値が紐づけられている。このままでは行列とみなすことができないので、モノクロ化する関数を実装しよう。4 つ目のセルに以下を実装せよ。

```python
def mono(url):
    img = download(url)
    gray_img = img.convert('L')
    return gray_img
```

5. モノクロ変換のテスト

モノクロに変換できるか確認しよう。5 つ目のセルで以下を実行せよ。

```python
URL = "https://kaityo256.github.io/python_zero/numpy/stop.jpg"
mono(URL)
```

モノクロ画像が表示されれば成功である。

6. 画像の低ランク近似

画像を特異値分解により低ランク近似する関数を実装しよう。6 つ目のセルに以下を入力せよ。

```python
def svd(url, ratio):
    gray_img = mono(url)
    a = np.asarray(gray_img)
    w, _ = a.shape
```

```
        rank = int(w * ratio)
        u, s, v = linalg.svd(a)
        ur = u[:, :rank]
        sr = np.diag(s[:rank])
        vr = v[:rank, :]
        b = ur @ sr @ vr
        return Image.fromarray(np.uint8(b))
```

　画像データを asarray に渡すことでそのまま NumPy 配列にすることができる。その配列を linalg.svd に渡せば特異値分解完了である。その後、ratio で指定された特異値の数だけ残して画像を再構成している。

7. 画像の低ランク近似の確認

　先ほど実装した低ランク近似関数を確認しよう。7 つ目のセルで以下を実行せよ。

```
URL = "https://kaityo256.github.io/python_zero/numpy/stop.jpg"
ratio = 0.1
svd(URL, ratio)
```

　上記を実行すると、画像のピクセル値を行列要素だと思って、行列を特異値分解により低ランク近似してから再構成した画像が表示される。ratio は、使う情報の割合であり、その数字を増やすとたくさん情報を使うので近似精度が高くなり、減らすと低くなる。ratio = 0.05 の場合と、ratio = 0.2 の場合も確認し、画像がどうなるか確認せよ。

9.7.3　発展課題

　インターネットで適当な画像を探し、上記の手続きで低ランク近似をせよ。適当な画像で右クリックし、「画像アドレスをコピー」等でアドレスを取得できる。そのアドレスを URL に指定せよ。画像フォーマットは JPG 形式とし、あまり大きな画像でない方が良い。また、文字を含む画像である方が圧縮の精度がわかりやすい。

```
URL = # ここを指定せよ
ratio = 0.1
svd(URL, ratio)
```

　いくつかの ratio の値を試してみて、画像の「近似のしやすさ」「再現性が良いところ、悪いところ」等について気づいたことがあれば記述せよ。また、圧縮画像に「黒い斑点」のようなものが現れる場合があるのはなぜか、考察せよ。

第9章

人外

　「人外」という言葉がある。「じんがい」と読む。主にファンタジーなどの世界において、獣人や精霊、妖精など、人としての外見を持つが、基本的に人よりも高次の存在を「人外」と呼ぶことが多い。世界観にもよるが、基本的に「人外」は人間より優れた能力を持ち、通常の人間が敵う相手ではない、強大な存在として描かれることが多い。いつの頃からか、この「人外」という言葉が「同じ人間とは思えないような、卓越した成果を挙げている人間」を指すようになった。筆者は、「同じ人とは思えないプログラム能力を持つ存在」という意味で使っている。この意味での用例の初出がどこかはわからない。おそらく「競技プログラム」界隈から言われるようになったのではないかと思われる。

　本書の読者は大学生を想定しているが、20 年近く生きていれば、「あ、こいつには絶対にかなわない」というような、才能の差を感じて絶望したことが一度や二度はあるであろう。おそらく君たちの 2 倍以上生きている筆者も、自慢じゃないがこれまでなんども「才能の差」に絶望してきた。特に「プログラミング」は、「できる人」と「できない人」の差が極めて大きく開く分野である。定義にもよるが、「できる人」と「できない人」の生産性は軽く桁で変わってしまう。そして、「この人、本当に人間なんかいな」という「人外プログラマ」の作るものを目の当たりにして驚嘆し、自分と比較して絶望し、その後に達観するのである。

　我々一般人は、普通に生きていれば「人外」とぶつかる可能性は低い。むしろぶつからないように生きるのが正しい道である。しかし、何かとちくるって、一般人であるにもかかわらず「世界一になりたい」という野望を抱いてしまうと不幸である。なんでも良いが、何かの処理の最速、世界一を目指すと、極めて高確率で「人外」とぶつかる。人外は、その絶対数が少ない希少種である。しかし、何か数値化され、「世界一」が客観的に定義できる場所には（それがどんなにマイナーな分野であっても）必ず生息している。世界一になるためには、彼らに勝たなければいけない。ファンタジーでの定番、圧倒的な存在である人外をどうやって人間が討伐するか、という問題図式である。

　ではどうすればいいのか？　まだどの分野でも世界一になったことがない筆者は、もちろんその答えを持っていない。

第 10 章 Python はどうやって動くのか

本章で学ぶこと
- ☑ プログラムの実行の仕組み
- ☑ 抽象構文木とバイトコード

10.1 コンピュータはどうやって動くのか

　自動車を運転していない人でも、「自動車はガソリンという可燃性の液体を燃料とし、それを噴射して点火、爆発させてピストンを動かし、そのピストンの運動を回転運動に変換してタイヤに伝えて動いている」ということはぼんやりと知っていることだろう。この知識は、自動車を運転する時にはあまり必要ない。実際、よほど車好きでない限り、自動車の運転をする際にエンジンやトランスミッションの仕組みを意識することはないであろう。しかしそれでも、自動車の仕組みは簡単に知っておくべきだと筆者は思う。冷蔵庫や電子レンジ、これらの家電は、その動作原理を知らずとも使うことは可能だし、おぼろげに原理を知っているからといってあまり役に立つ気はしないが、やはりざっくりとは知っておくべきである。それが教養というものだ。コンピュータの動作についても同様である。

　これまで、ブラウザ上でプログラムを入力し、実行させ、その結果を表示させてきた。Python のプログラムはクラウド上で実行されたが、そのブラウザを実行しているのは皆さんの目の前にあるコンピュータである。コンピュータとは compute するもの、つまり計算機であり、何かしら計算してその結果を表示することを繰り返す機械である。では、そもそもプログラムとはどうやって動いているのだろうか？　そのようなことを知っていても今後の人生の役には立たないかもしれないが、せっかくプログラミングを覚えるのだから、計算機がどういう仕組みで動いているのか知っておいても良いだろう。

10.2 機械語

　いま、目の前にある計算機は、ディスプレイ（表示装置）、キーボードやマウス（入力装置）、CPU（中央演算処理装置）、メモリ（記憶装置）などから構成されている。ディスクなどのストレージやネットワークなどの通信装置についてはいまは忘れよう。このうち CPU がもっとも重要な装置であるが、やっていることは単純であり、

- メモリから命令とデータを取ってくる
- 命令を解釈し、データを演算器に投げる
- 演算器から返ってきた結果をメモリに書き戻す

という一連の動作をひたすら繰り返しているに過ぎない。「命令」も一種のデータであり、メモリに置いてあることに注意しよう。演算器というのは、文字通り演算する機械である。例えば足し算をしたければ加算器を、掛け算をしたければ乗算器が必要になる。また、整数演算と浮動小数点演算は全く異なる演算器を用いる。

さて、計算機が解釈できるのは数字だけであるため、機械には数字列を使って命令を行う。この数字列による言葉を **機械語（machine language）** と呼ぶ。コンピュータとは計算機であり、計算とはデータに四則演算などの演算をすることである。したがって、計算機に何か計算させたければ「何を（データ）」「どうするか（命令）」がセットである必要があることがわかるだろう。機械語というと難しそうだが、結局のところ「何を」「どうするか」を羅列しているに過ぎない。

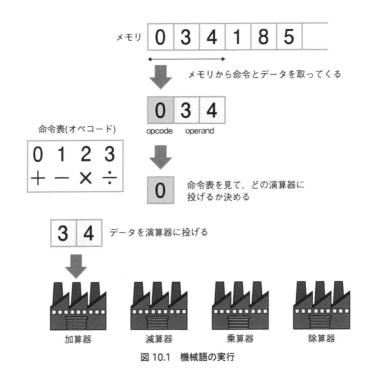

図 10.1　機械語の実行

例えば 1 桁の整数を 2 つ受け取って四則演算をする計算機があったとしよう（図 10.1）。四則演算をするので、演算は加算、減算、乗算、除算の 4 種類である。なのでそれぞれに 0,1,2,3 の数字を割り当てよう。四則演算をするには、整数が 2 つ必要だ。その数字も並べよう。例えば「034」という数字列は「3+4」を、「185」は「8-5」を表す。計算機は、メモリから 3 つの数字をとってきて、最

初の数字を見て「どの演算器に投げるか」を決める (命令を最初に置いたのはそのためだ)。そして
続く 2 つのデータを演算器に投げる。かなり単純化されているが、これが機械語である。このように、
「何をするか」を表す部分を**オペコード** (operation code, opcode)、「データ」を表す部分を**オペラ
ンド** (operand, 被演算子) と呼ぶ。

10.3　プログラミング言語とコンパイラ

　さて、計算機が解釈できるのは機械語だけである。機械語は難しくはないが、「足し算は 0 で……」
と覚えるのは面倒だ。そこで「034」という数字の羅列の代わりに「ADD 3,4」という書き方をしよ
う。これを「034」に変換するのは簡単だし、人間が見て「3 と 4 を足すんだな」とわかりやすい。
このように機械語と一対一で対応する言語を**アセンブリ言語** (assembly language) と呼ぶ。しかし、
アセンブリ言語でもまだ面倒だ。もっと人間にわかりやすい形式、先ほどの例なら「3+4」と書いて、
それを計算機が理解できる形式に変換したい、と思うのは自然であろう。その「人間が理解できる形
式」がプログラミング言語と呼ばれるものである。

　プログラミング言語は人間にわかりやすい形式になっているが、そのままでは機械は理解できな
い。そこで、プログラムを機械語に「翻訳」する必要がでてくる。この翻訳作業をするのがコンパイ
ラである (図 10.2)。一口に「翻訳」と言っても、コンパイラがやるべき仕事は多い。まず「3 +
4」というひと続きの文字列が与えられた時に、「3」「+」「4」という文字に分割しなければならな
い。これを**字句解析** (lexical analysis) と呼ぶ。さらに、「3 と 4 は整数であり、+ という演算子の
引数である」と認識する必要がある。これが**構文解析** (syntax analysis) と**意味解析** (semantic
analysis) である。この構文解析を行うのが**パーサ** (parser, 構文解析器) である。パーサは、プロ
グラムを**抽象構文木** (abstract syntax tree, AST) と呼ばれるデータ構造に変換する。

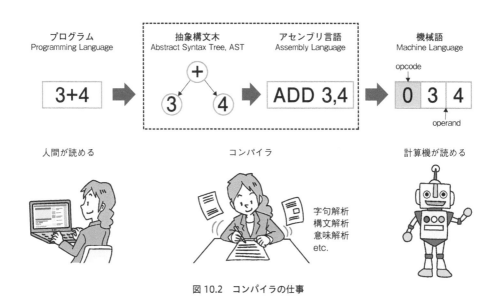

図 10.2　コンパイラの仕事

第10章

　パーサによって抽象構文木が与えられたら、そこからアセンブリコードを生成する。通常は途中で中間コードを生成し、その後にアセンブリ言語に変換する。アセンブリを実行ファイルにするためには、さらに**リンク**という作業工程がある。リンクを行うのが**リンカ (linker)** というプログラムで、これもかなり複雑なことをしているのだが、本書では扱わない。

　最初に、プログラミング言語には大きく分けてコンパイル言語とインタプリタの 2 種類があることに触れた。プログラムをコンパイラが機械語に翻訳し、そのまま実行するのがコンパイル言語であり、C++ などはコンパイル言語の代表格的な言語である。

　一方、プログラミング言語を逐次的に解釈して実行するのがインタプリタ言語であり、Python もインタプリタ言語に属す。しかし、プログラムをそのまま解釈しながら実行すると遅いため、多くのインタプリタ言語は**バイトコード (bytecode)** と呼ばれる中間コードを生成し、それを実行することで高速化を図る（図 10.3）。

図 10.3　インタプリタの仕事

　Python は、まずプログラムを抽象構文木に変換する。その後、その構文木からバイトコードを生成する。バイトコードは仮想的な機械語である。機械語は、現実に存在する機械で動作するが、バイトコードは仮想的な機械向けの機械語である。このバイトコードを実行するプログラムを**仮想マシン (virtual machine, VM)** と呼ぶ。「エミュレータ」という言葉を聞いたことがあるかもしれない。昔のゲームハード用のゲームを、現在のゲームで実行するのに使われたりする。仮想マシンは、実際に

は存在しないハードウェアであるが、それを現実の計算機でエミュレートすることでプログラムを実行する。

本章では Python が動く仕組みを理解するため、実際に抽象構文木とバイトコードを見てみることにしよう。

10.4 バイトコードとスタックマシン

Python は、与えられたプログラムを、仮想的なアセンブリであるバイトコードに変換し、それを仮想マシン上で実行する。Python の仮想マシンは、メモリとしてスタックを用いる。

スタック

一番上に積む(push)か、一番上から取り出す(pop)ことしかできないデータ構造

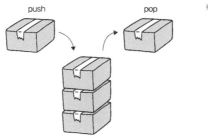

push   pop   ※荷物は重いので一度に一つしか持てない

途中にデータを挿入することはできない   途中のデータを取り出すこともできない

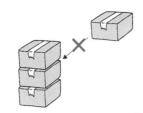

図 10.4 スタック

スタック（stack）とは、データ構造の一つである（図 10.4）。重い荷物を積み上げたような状態を想像せよ。荷物は重いので、一度に一つしか持ち上げることができない。したがって、「手持ちの荷物を一番上に積む」か「一番上の荷物を取り出す」ことしかできず、積み上がった荷物の途中に別の荷物を入れたり、一番上ではない荷物を取り出すこともできない。新しい荷物を一番上に載せることを**プッシュ（push）**、積み上がった荷物の一番上にあるものを取り出すことを**ポップ（pop）**と呼ぶ。

スタックでは「入った順番」と「出る順番」が逆になっている。これを「後入れ先出し」の意味で **Last In First Out（LIFO）**と呼ぶ。逆に、「最初に入った人が最初に出てくる」ようなデータ構造は「先

入れ先出し」の意味で **First In First Out（FIFO）** と呼び、このような振る舞いをするデータ構造を **キュー（queue）** と呼ぶ。

　Python の仮想マシンは、スタックにデータをプッシュしたりポップしたりすることでプログラムを実行する。例えば 3 + 4 というプログラムは、

```
LOAD_CONST 3
LOAD_CONST 4
BINARY_ADD
```

というバイトコード列に変換される。`LOAD_CONST 3` は、スタックに「3」をプッシュせよ、という意味である。

　また、演算は、必要な数だけスタックからデータをポップして行う。例えば `BINARY_ADD` は、「スタックから 2 つデータをポップし、それを足した結果をまたスタックにプッシュせよ」という命令だ。以上の結果、スタックの一番上には演算結果である 7 がプッシュされる（図 10.5）。

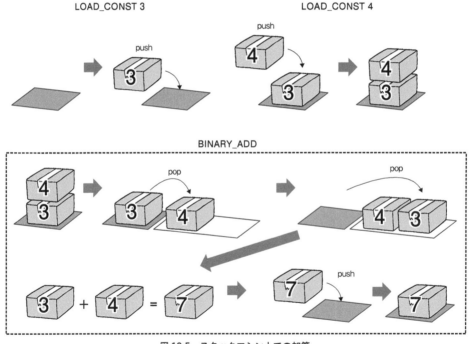

図 10.5　スタックマシン上での加算

　このように、メモリとしてスタックを用いるような計算機を **スタックマシン（stack machine）** と呼ぶ。Python の仮想マシンはスタックマシンである。

　既にみたように、スタックのデータのやりとりは「一番上」のみ、取り出せるデータも「最後に入れたもの」だけに限られ、途中にデータを挿入することも、任意の場所のデータを取り出すこともで

きない、いわば「不自由」なデータ構造である。なぜこのような「不自由」なデータ構造をメモリに採用しているかというと、命令セットが簡単になるというメリットがあるからである。

我々が通常使っている計算機は「レジスタマシン」と呼ばれる方式を採用している。レジスタマシンは、レジスタという計算を行うための小さく高速な作業領域を複数持ち、メモリも任意の場所に読み書きできる。すると、当然のことながら「メモリのどこから、どのレジスタに値をロードし、計算結果をどこに書き込むか」を指定しなければならない。それに対して、スタックマシンはメモリの「入り口」と「出口」が決まっているため、例えば足し算をする命令 BINARY_ADD は引数を必要としない。このように、スタックマシンは命令セットが単純になるというメリットがあり、仮想マシンのモデルとして広く採用されている。

10.5 逆ポーランド記法

さて、先ほど見たように、3 + 4というプログラムは、

```
LOAD_CONST 3
LOAD_CONST 4
BINARY_ADD
```

という命令列に変換された。ここで、LOAD_CONST は省略し、かつ BINARY_ADD を + で表記すると、この命令列は 3 4 + と表現できる。このように、演算子が、被演算子の後ろに置かれる記法を後置記法、もしくは**逆ポーランド記法（reverse Polish notation, RPN）**と呼ぶ。我々が普段目にする 3 + 4 という記法は、演算子が被演算子の中に置かれるため、中置記法と呼ばれる。

逆ポーランド記法は、スタックマシンと相性が良い。3 4 + という命令列が来た時、それを一つ一つの区切り（**トークン（token）**と呼ぶ）に分解して、

- もしトークンが数字ならスタックにプッシュ
- もしトークンが演算子なら、スタックから 2 つデータを取り出して演算、結果をスタックにプッシュ

とするだけで計算が実行できる。

例えば、a * b + cという計算は、逆ポーランド記法なら a b * c + と表記できる。また、a + b * cの場合、先に b * c を実行する必要があるが、逆ポーランド記法なら a b c * + と表記され、演算子の優先順位を気にすることなく順番に処理すれば良い（より正確には、演算子の優先順位を考慮して逆ポーランド記法を構成する）。

実際に Python のバイトコードが逆ポーランド記法になっているのを見てみよう。バイトコードを表示するには dis をインポートする。

```
import dis
```

この状態で、

```
dis.dis("a * b + c")
```

を実行すると、

```
  1           0 LOAD_NAME                0 (a)
              2 LOAD_NAME                1 (b)
              4 BINARY_MULTIPLY
              6 LOAD_NAME                2 (c)
              8 BINARY_ADD
             10 RETURN_VALUE
```

となり、これが a b * c + に対応しているのがわかるであろう（図 10.6）。

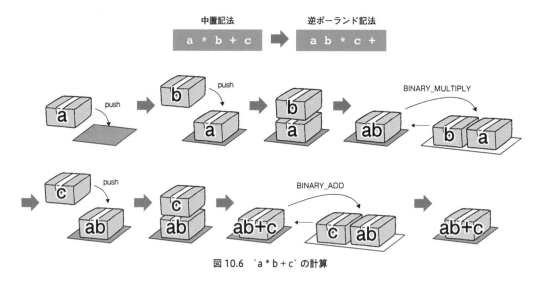

図 10.6　`a * b + c` の計算

また、

```
dis.dis("a + b * c")
```

を実行すると、

```
  1           0 LOAD_NAME                0 (a)
              2 LOAD_NAME                1 (b)
              4 LOAD_NAME                2 (c)
              6 BINARY_MULTIPLY
              8 BINARY_ADD
             10 RETURN_VALUE
```

となる。これがa b c * +になっていることは見てわかるであろう（図 10.7）。

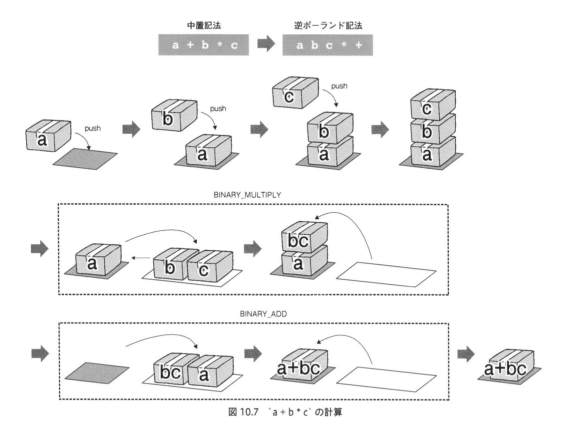

図 10.7 `a + b * c`の計算

10.6 課題 Python はどうやって動くのか

10.6.1 課題 1-1 抽象構文木の可視化

Python のプログラムが抽象構文木に変換される様子を観察してみよう。新しいノートブックを開き、ast.ipynb として保存せよ。

1. ライブラリのインポート

最初のセルで必要なライブラリをインポートする。

```
import ast
import dis
from graphviz import Digraph
```

2. 抽象構文木をグラフに変換する関数

２つ目のセルに抽象構文木を解析してグラフに変換する関数 visit を書く。

```
def visit(node, nodes, pindex, g):
    name = str(type(node).__name__)
    index = len(nodes)
    nodes.append(index)
    g.node(str(index), name)
    if index != pindex:
        g.edge(str(pindex), str(index))
    for n in ast.iter_child_nodes(node):
        visit(n, nodes, index, g)
```

__name__ は前後にアンダースコアが２つずつであることに注意。

3. グラフを可視化する関数

３つ目のセルに抽象構文木をグラフとして可視化する関数 show_ast を書く。

```
def show_ast(src):
    graph = Digraph()
    tree = ast.parse(src)
    visit(tree, [], 0, graph)
    return graph
```

ast.parse は、引数として与えられた文字列を Python のプログラムとして解釈し、抽象構文木に変換する。返り値は、構文木の根（root）である。それを ast.iter_child_nodes に渡すと、そこにぶら下がるノードが返ってくるので、それら全てに対して for 文をまわして、子ノードに対して再帰的に visit を呼び出し、子孫ノードを取得していく、というのがこのコード（visit 及び show_ast 関数）の仕組みである。

4. 抽象構文木の表示

ここまで作成した関数を使って、プログラムの抽象構文木を表示させて見よう。解析したいソースコードを src という文字列に代入し、show_ast(src) を呼ぶことで抽象構文木を表示することができる。

```
src="""
3+4
"""
show_ast(src)
```

ここで src= の後、及び show_ast の前に "（ダブルクォーテーションマーク）が３つ続いていることに注意。

　ここまで正しく入力されていれば、抽象構文木のグラフが表示されるはずである。うまくできたら、パースするプログラム文字列を変え、別のプログラムをパースしてみよ。まずは 3+4 の + を - に変えてみよ。次に、以下のプログラムをパースせよ。

```
a, b = (1,2)

def func(a,b):
    return a+b
```

　上記のプログラムを入力するには、""" で囲まれた領域に入力すること。例えば最初の例なら、

```
src = """
a, b = (1,2)
"""
```

　と入力する。抽象構文木とプログラムの対応がわかるだろうか？

10.6.2 課題 1-2 バイトコード

5. バイトコードの表示

　以下のプログラムを実行し、バイトコードが得られることを確認せよ。

```
dis.dis("a + b")
```

　バイトコードが得られたら、以下のプログラムに対応するバイトコードを出力し、逆ポーランド記法に対応していることを確認せよ。

- a + b + c
- a + b * c

10.6.3 課題 2-1 逆ポーランド記法電卓

　最も簡単なスタックマシンの例として、逆ポーランド記法による計算機を実装してみよう。逆ポーランド記法とは、「3 + 4」を「3 4 +」と表記する方式だ。人間には読みづらいが、電卓を実装しやすい、という特徴がある。

　具体的には、以下のような「プログラム」を組む。

- プログラムは、整数、'+'、`-' の 3 種類のトークンで構成される
- プログラムを 1 つ読み込み、以下の動作をする
  - プログラムが演算子なら、スタックから 2 つデータをポップして、計算し、結果をプッシュする

- 整数なら、そのままスタックにプッシュする
- プログラム終了時、スタックの一番上にある数字を表示して終了する

新しい Python3 ノートブックを開き、calc.ipynb として保存せよ。

1. ライブラリのインポート

まずは必要なライブラリをインポートしておこう。

```
import dis
```

2. 計算機の実装

では計算機のプログラムを記述しよう。まずは加減算のみに対応させる。最初のセルに以下を入力せよ。

```
def calc(code):
    data = code.split()
    stack = []
    for x in data:
        print(stack, x, end=" => ")
        if x == '+':
            b = stack.pop()
            a = stack.pop()
            stack.append(a+b)
        elif x == '-':
            b = stack.pop()
            a = stack.pop()
            stack.append(a-b)
        else:
            stack.append(int(x))
        print(stack)
    print(stack.pop())
```

2. 計算のテスト

実際に計算してみよう。2 つ目のセルで以下を実行せよ。

```
calc("1 2 +")
```

以下のような実行結果が得られたはずである。

```
[] 1 => [1]
[1] 2 => [1, 2]
[1, 2] + => [3]
3
```

これは、

- 最初はスタックが空 [] で、そこに 1 が来たのでプッシュされて [1] になった
- 次に 2 が来たので、それもプッシュしてスタックの状態が [1,2] になった
- 次に + が来たので、スタックから値を 2 つ取り出し、その和をプッシュして [3] になった
- 実行すべきプログラムがなくなったので、スタックの一番上にある数字 3 を表示して終了

という処理内容を表している、

10.6.4　課題 2-2　**乗算、除算の実装**

作成した電卓に、乗算と除算を実装せよ。ただし、除算に関しては、入力プログラムとしては / を
入力するが、実際の処理 (stack.append) では // を実行することで、実行結果を整数にすること。

ヒント：calc 関数に elif 文を追加し、x が * や / の場合の処理を追加する。

以下の「プログラム」に対して、以下のような実行結果が得られれば正しく実装できている。

```
calc("1 2 + 3 * 4 /")
```

```
[] 1 => [1]
[1] 2 => [1, 2]
[1, 2] + => [3]
[3] 3 => [3, 3]
[3, 3] * => [9]
[9] 4 => [9, 4]
[9, 4] / => [2]
2
```

10.6.5　発展課題　**中置記法から逆ポーランド記法への変換**

dis を用いてバイトコードを出力することで、中置記法の計算式を逆ポーランド記法に変換できる。
例えば、1 + 2 * 3 の例なら、

```
dis.dis("a + b * c")
```

を実行すると、

```
 0 LOAD_NAME         0 (a)
 2 LOAD_NAME         1 (b)
 4 LOAD_NAME         2 (c)
 6 BINARY_MULTIPLY
 8 BINARY_ADD
10 RETURN_VALUE
```

　という表示が得られる。ここから、a,b,c を 1,2,3 に変換し、バイトコードの順番どおりに " 1 2 3 * +" と並べれば、1 + 2 * 3 の逆ポーランド記法が得られる。なお、dis.dis に数字ではなくアルファベットを入力するのは、最適化により計算されてしまうことを防ぐためだ。

　同様にして、以下の中置記法の計算式を逆ポーランド記法に変換し、先ほど実装した計算機で実行し答えが合っていることを確かめよ。演算子の優先順位も考慮すること。

- 1 + 2 * 3 - 4
- (1 + 2 * 3) / 4

機械がやるべきこと、やるべきでないこと

　いまでこそ「面倒な単純作業は人間ではなく機械にやらせるべき」という考えが（たぶん）浸透しているが、昔は計算機は非常に高価であり、その計算時間は貴重な資源であった。アセンブリを機械語、つまり数字の羅列に変換することを「アセンブル」と呼ぶが、それを人間が手で行うことを「ハンドアセンブル」という。計算機が使われ始めた当初は、もちろんアセンブラなどなかったから、みんなハンドアセンブルをしていた。さて、世界で初めてアセンブラを作ったと思われているのはドナルド・ギリース（Donald B. Gillies）である。1950 年代、ギリースは、フォン・ノイマンの学生だった時、アセンブリを機械語に自動で翻訳するプログラムを書いていた。ギリースがアセンブラを書いているのをフォン・ノイマンが見つけた時のことを、ダグラス・ジョーンズという人が以下のように紹介している。

> John Von Neumann's reaction was extremely negative. Gillies quotes his boss as having said "We do not use a valuable scientific computing instrument to do clerical work!" (I wish I could reproduce Gillies' imitation of Von Neumann's Hungarian accent, he was very good at it!)

（筆者による訳）
> ノイマンの反応は極めてネガティブだった。ギリースはボス（ノイマンのこと）の口真似をしながらこう言った「我々は貴重な科学計算機をそのようなつまらない仕事に使うべきでない！」（ギリースの口真似を再現できたらと思う。彼はフォン・ノイマンのハンガリー訛りの英語の真似がすごく上手いんだ）

　現在、「AI が人間を超える（シンギュラリティ）」とか「AI により人間の仕事が奪われる」とかいった、一種の終末思想が盛んに喧伝されている。筆者は AI の専門家ではないので、将来どうなるかはわからない。しかし、AI は人間が作るものである。自動車が普及することで運転手という職業ができたように、「AI が人間の可能性を奪う」という「引き算の考え」よりは、「AI と人間の組み合わせで新たな可能性が生まれる」という「足し算の考え」でポジティブに考えたい。おそらくそのほうが生産的であろう。

https://groups.google.com/forum/#!msg/alt.folklore.computers/2fdmW2PU8dU/OJ_-6BjoP0YJ

第11章　動的計画法

11.1　最適化問題

タスクリスト

・スーパーで買い物をする
・図書館に本を返却する
・郵便局で手紙を出す

どういう順序でこなすべきか？

図 11.1　日常における最適化問題

いま、あなたは以下の 3 つのタスクをこなす必要があるとしよう。

- スーパーで食材の買い物をする
- 郵便局で封筒を簡易書留で出す
- 借りていた本を図書館に返しに行く

実行順序は自由だ。どうせならなるべく楽に全てのタスクをこなしたい。簡単のため、スーパー、図書館、郵便局は家から等距離にあるとしよう。どのような順番でタスクをこなすべきだろうか（図11.1）？

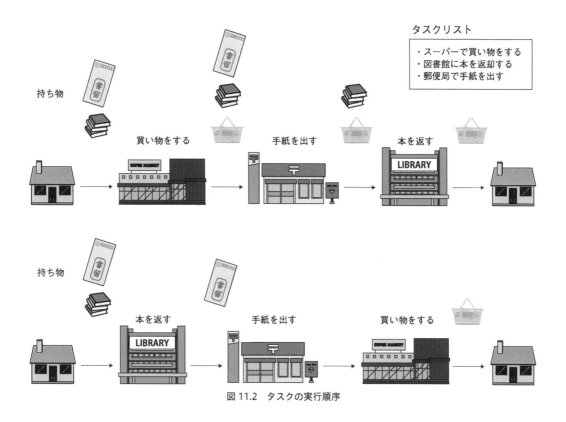

図 11.2　タスクの実行順序

　もし「スーパー」「郵便局」「図書館」という順序でタスクをこなすと、あなたは「重い本を持ちながらスーパーで買い物をして」「スーパーで購入した食材と本を持ちながら郵便局に行き」「最後に本を返す」ということになり、手が疲れてしまう。この場合は「図書館」「郵便局」「スーパー」の順番が良いだろう。まずは重い本をなんとかし、荷物が軽い状態で郵便局のタスクをこなし、最後に食材を買って帰れば、疲れは最小限で済む（図11.2）。

　このように、我々は日常的に「何かの条件を満たしつつ、何かを最適化する」という問題に直面しており、「要領の良い人」は、普段からこのような**最適化問題（optimization problem）**を無意識に解いている。しかし、これらの問題の多くは「最適解」を得ることが難しい **NP 困難（NP-hard）**な問題であることが多い。「NP 困難」については深く立ち入らないが、要するに「最適解を得るには全ての組み合わせを調べるしかなく、要素数が増えると計算時間が爆発してしまう」という問題のことである。このような問題は、応用上は必ずしも厳密解を得る必要はなく、近似解が求まればそれで十分な場合も多いため、高速に近似解を求める手法も数多く提案されている。しかし、ある種の組み合わせ問題は効率的に解くことができる。その際に使われる手法が本章で紹介する「動的計画法」である。

11.2　ナップサック問題

ナップサック問題

持てる重さは最大「10」まで

	重さ	価値
	5	50
	4	36
	3	24
	3	33

持ち運べる範囲で価値を最大化したい

図 11.3　ナップサック問題

　これまで、どこかで**ナップサック問題（knapsack problem）**という言葉を聞いたことがあるかもしれない。例えばこんな問題である。あなたは洞窟の奥で見事宝物庫を見つけた。そこには重さと価値がまちまちな「宝物」が 4 つあった。
　それぞれの重さと価値が以下のように与えられているとしよう。

- 金の延べ棒：重さ 5、価値 50
- トロフィー：重さ 4、価値 36
- カップ：重さ 3、価値 24
- コイン：重さ 3、価値 33

　あなたは重さの合計「10」までしか持ち歩くことができないので、全てを持ち帰ることはできない。ではどの品物を持ち帰れるのが一番「得」であろうか（図 11.3）？

　このように「たくさんの物のセットが与えられ、何かの条件（ここでは重さの総和）を満たしつつ、何かの価値を最大化するような組み合わせを探す」という問題は、組み合わせ最適化問題と呼ばれる。ナップサック問題は典型的な組み合わせ最適化問題の一つである。

　あまり意識していないかもしれないが、我々は日常的に組み合わせ最適化問題を解いている。例えばレストランでメニューを見ながら何を食べるか決める時、当然ながら美味しいものを食べたいと思うことであろう。しかし、美味しい物は一般に値段もカロリーも高いというのがこの世の摂理である。そこで、「ある程度の予算、カロリーの制限内で、一番幸せ度が高いメニューの組み合わせ」を探すことになる。これは典型的なナップサック問題である。

11.3　貪欲法

　さて、動的計画法を考える前に、近似解を求める方法を紹介しよう。組み合わせ最適化の近似解を求める方法はたくさんあるが、その中でも一番簡単な**貪欲法（greedy method）**を紹介する。

　ナップサック問題において、ある重さ以内で最大の価値を得たいのだから、理想的には最大の重さまで詰めて、かつ価値を最大化したい。したがって、一つ一つの品物についても、「重さあたりの価値」が高いものを選びたくなるであろう。そこで、「重さあたりの価値」について高い順に並べて、上から順番に選んで行く、というアルゴリズムが考えられる。これが貪欲法である。

　先ほどの「宝物」の問題を考えて見よう。それぞれについて「重さあたりの価値」を計算し、それが高い順に並べてみる。

- コイン：重さ 3、価値 33、重さあたりの価値 11
- 金の延べ棒：重さ 5、価値 50、重さあたりの価値 10
- トロフィー：重さ 4、価値 36、重さあたりの価値 9
- カップ：重さ 3、価値 24、重さあたりの価値 8

　「得られたリストを上から順番に持てるだけ持つ」のが貪欲法である（図 11.4）。この場合は、まずコインを選び、次に金の延べ棒を選んだ時点で重さが「8」となるため、もう他の品物を選ぶことはできない。貪欲法による結果は「重さ 8、価値 83」となった。実際には「コイン、トロフィー、カップ」の組み合わせで「重さ 10、価値 93」が最適解であるため、それには及ばない。

貪欲法			
	重さ	**価値**	重さあたりの価値
コイン	3	33	11
金の延べ棒	5	50	10
トロフィー	4	36	9
カップ	3	24	8

重さあたりの価値が高いものから順番に選ぶ

貪欲法による解

重さ8　価値83

最適解

重さ10　価値93

図 11.4　貪欲法

　しかし、一般的に貪欲法は（よほど狙ってそういう問題を作らない限り）わりと良い近似解を与えることが多く、問題によっては最適解を与えることもある（ダイクストラ法など）。「とにかく選ぶべきものに評価値を与え、一番良いものから順番に選び、制約に達したらやめる」という簡単なアルゴリズムであり、汎用性もあることから、覚えておいて損はないアルゴリズムである。

11.4　全探索

　全探索（full search）とは、その名の通り全ての可能性を列挙してしまう方法である。組み合わせ最適化問題について全探索すれば、当然のことながら最適解が得られるが、探索すべき組み合わせが問題サイズに対して急激に（指数関数的に）大きくなるため、ある程度以上大きな問題には適さない。しかし、全探索は全ての探索アルゴリズムの基本であるので、ここで簡単に触れておきたい。
　先ほどの「宝物」の問題では、重さと価値が以下のように与えられていた。

- 金の延べ棒：重さ 5、価値 50
- トロフィー：重さ 4、価値 36
- カップ：重さ 3、価値 24
- コイン：重さ 3、価値 33

これを、上から順番に「選ぶ」「選ばない」の2択で探していく。

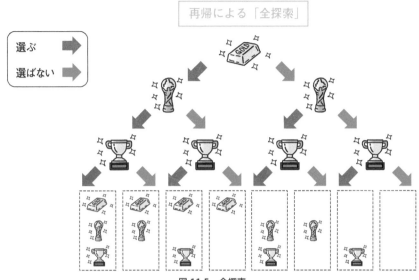

図 11.5　全探索

　図 11.5 ではスペースの関係から3種類、8通りしか示していないが、基本的に N 個の品物があれば、それぞれについて選ぶ、選ばないの2通りがあるため、2^N 通りの選び方がある。なお、途中で「重さオーバー」した場合はそれ以上探索はしない。

　前述の通り、全探索アルゴリズムは問題サイズに対して指数関数的に計算量が増えていくため、実用には適さない。しかし、全探索は全てのアルゴリズムの基本であり、かつ要素数が数十個くらいまでであれば全探索の守備範囲となる。例えば $N = 30$ でも $2^{30} \sim 1.1 \times 10^9$ であり、最新の計算機ならまだ余裕で探索できる。再帰を使った全探索コードは短く、たまに便利なので、これもすぐに組めるようになっておきたい。

11.5　動的計画法とは

　さて、「貪欲法」は簡単だが近似解しか得られず、「全探索」は厳密だが探索時間がかかりすぎる。ここでは「厳密」で、かつ「効率的」に解を得られる **動的計画法（dynamic programming, DP）** について説明しよう。「動的計画法」という難しそうな名前がついているが、そのアルゴリズムの骨子はさして難しくない。動的計画法が適用できる条件は、以下の2つである。

- 大きな問題を、より小さな問題に分解できること（分割統治）
- 分解された小さな問題の結果が、再利用可能であること（メモ化）

　ナップサック問題でも動的計画法の説明はできるが、より説明がわかりやすい「最短経路探索問題」を例に動的計画法の説明をする。

　あなたは旅行を計画している。目的値に到着するのに、複数の経路があるのだが、できるだけ早く、もしくはできるだけ安く到着したい。どのような経路を取れば良いだろうか？　いま、この経路をグラフで表現すると図11.6のようになるとする。

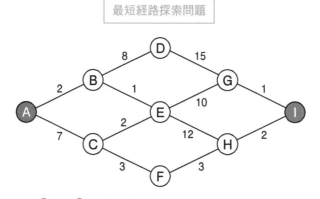

図11.6　最短経路問題

　あなたはA地点からI地点までいきたい。そのための経由地（例えば電車の駅だと思えば良い）がBからHまである。それぞれの地点間にはコストが定義されている。この場合のコストは時間もしくは料金である。

　先ほどの最短経路探索問題の回答は、図11.7のようなものだ。

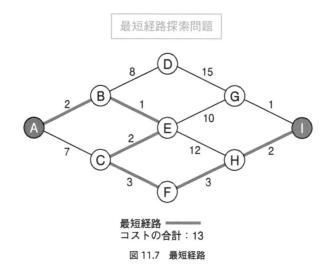

図11.7　最短経路

A → B → E → C → F → H → I

この時、最短経路は13になる。さて、この経路をよく見てみよう。いま、最短経路がこのように定まったとしよう。AからEを経由してIに到達している。この時、「AからE」への経路も最短であり、「EからI」への経路も最短となっている。

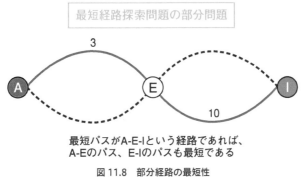

最短パスがA-E-Iという経路であれば、
A-Eのパス、E-Iのパスも最短である

図 11.8　部分経路の最短性

このように、最短経路問題は「もし最短経路が求まったのなら、その途中の任意の2点間の経路も最短である」という性質をもっている。もしこの性質が満たされていないとしよう。例えば上記では、「AからE」の最短経路のコストは3であり、「EからI」の最短経路のコストは10、あわせて「AからI」へのコストは13となっている。もし「AからE」に、コスト2以下のパスがあるならば、そちらを採用すれば、「AからI」のコストを下げることができる。これは「AからIへの最短経路が求まった」という条件と矛盾する。以上から「最短経路の任意の2点間の経路も最短である」ことがわかる。

「AからG」の最短パスのコスト13

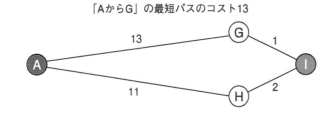

「AからH」の最短パスのコスト11

A-G-I (13+1) > A-H-I (11+2)

上記からA-H-Iの経路が最短であることがわかる

図 11.9　部分問題が解けている時の「最後の仕上げ」

これがどのように問題を解くのに使えるか考えてみよう。いま知りたいのは「AからI」までの最短経路である。しかし、それより小さい問題、「AからG」までの最短経路と、「AからH」までの

最短経路がわかっているものとしよう（図 11.9）。それぞれ「A-G」のコストが 13、「A-H」のコストが 11 である。すると、「G から I」のコストが 1、「H から I」のコストが 2 であることがわかっているので、A から G 経由で I に行く最短パスのコストは 14、A から H 経由で I に行くコストは 13 となり、A-H-I の経路が最短であることがわかる。

　こうして、「問題が部分的に解けている」ならば、それを「再利用」することでより大きな問題が解けるでしょう、というのが動的計画法の骨子である。

11.6　動的計画法

11.6.1　課題 1-1　サイゼリヤ問題

　組み合わせ最適化問題の例として、サイゼリヤ問題を取り上げよう。サイゼリヤ問題とは「N 円持ってサイゼリヤに行ったら最大でどれだけのカロリーを摂取できるか」という問題である。ただし、同じメニューを重複して注文してはいけないことにする。これは典型的なナップサック問題である。サイゼリヤのメニューは日々変わっているが、ここではある時点でのメニュー、114 品の金額とカロリーのデータを使い、最終的に「サイゼリヤに 1 万円を握りしめていったら、最大何 kcal を摂取できるか」という問題を解く。

　以下、サイゼリヤ問題を貪欲法、全探索、動的計画法の 3 種類の方法で解くことにする。新しいノートブックを開き、saizeriya.ipynb として保存せよ。

1. ライブラリのインポート

　まずはデータを読み込もう。いつも通り最初のセルで必要なものを import する。

```
import pickle
from collections import defaultdict
```

2. データのロード

　次に、データをロードしよう。2 つ目のセルに以下を入力する。

```
FILE='https://kaityo256.github.io/python_zero/dp/saizeriya.pickle'
!wget $FILE
```

　最後に 'saizeriya.pickle' saved [5293/5293] と表示されれば成功だ。

3. データの読み込み

　先ほどダウンロードしたファイルは、pickle というライブラリでまとめられたデータである。これを読み込んでみよう。3 つ目のセルに以下を入力せよ。

```
with open('saizeriya.pickle', 'rb') as f:
    names, prices, cals = pickle.load(f)
names
```

これは、114種類のメニューそれぞれの、名前、価格、カロリー (kcal) のリストである。読み込めたかどうか確認するため、セルの最後でnamesを評価している。「[' 彩りガーデンサラダ ', ' 小エビのサラダ '...' コーヒーゼリー ',' トリフアイスクリーム ']と表示されれば正しく読み込めている。

11.6.2　課題1-2　貪欲法

読み込んだデータに対して、貪欲法を実装しよう。貪欲法をサイゼリヤ問題に当てはめると「値段あたりのカロリー」が高いものから順番に選び、予算を超えたらそこでストップ、というアルゴリズムとなる。アルゴリズムとしては以下のようになる。

- メニューを「値段あたりのカロリー」で降順にソートする
- ソートした結果を上から順番に注文していく。ただし、予算オーバーするなら次を試す
- 全てのメニューを調べたら終了

4. 貪欲法の実装

4つ目のセルに、以下を入力せよ。

```
def greedy(budget):
    ind = list(range(len(names)))
    ind = sorted(ind, key=lambda x: cals[x] / prices[x], reverse=True)
    psum = 0
    csum = 0
    for i in ind:
        if psum + prices[i] >= budget:
            continue
        psum += prices[i]
        csum += cals[i]
        print(f"{names[i]} {prices[i]} Yen {cals[i]} kcal")
    print(f"Total {psum} Yen, {csum} kcal")
```

最後の print 文のインデントが異なることに注意すること。
ここで、

```
    ind = list(range(len(names)))
    ind = sorted(ind, key=lambda x: cals[x]/prices[x], reverse=True)
```

が、「メニューを価格あたりのカロリーでソートする」部分である。list(range(len(names))) は [0,1,2,...,113] という連番のインデックスを持つリストを作る部分である。このインデックスを、ある基準 key でソートするようラムダ式で指定している。ラムダ式というと難しく聞こえるが、要

するに、

```
lambda x: cals[x]/prices[x]
```

とは、「x」という値が与えられたら、cals[x]/prices[x] を返しなさい、という意味で、

```
def key(x):
    return cals[x]/prices[x]
```

を 1 行で書いただけである。これにより、「値段あたりのカロリー」でソートできるが、sorted はデフォルトで昇順にソートするため、降順にするために reverse=True を指示している。

5. 貪欲法の実行

早速貪欲法を実行してみよう。5 つ目のセルで、以下を実行せよ。

```
%%time
greedy(1000)
```

最初の %%time は「実行時間を計測せよ」という意味だ。1000 円で最大のカロリーを得るためのメニューが表示されたはずである。

さらに「1 万円を握りしめてサイゼリヤにいったら、最大何 kcal を摂取できるか」も考えてみよう。1000 を 10000 に変えて、

```
%%time
greedy(10000)
```

を実行せよ。結果はどうなるだろうか？　出てきたメニューを見た感想を述べよ。

▍11.6.3　課題 1-3　**全探索**

動的計画法を実装する前に、全探索コードを書いてみよう。いま、メニューが 114 個ある。全てのメニューについて「注文する / しない」を選ぶと、全体で $O(2^N)$ の手間がかかる。ただし、すでに予算を超えている時に、さらに追加でメニューを注文する必要はないので、その部分は枝刈りをする。これをナイーブに再帰で書いてみよう。

6. 全探索関数 search の実装

n 番目までのメニューを使って、budget 円以内で得られる最大のカロリーを返す関数 search(n, budget) を実装しよう。6 つ目のセルに、以下を入力せよ。

```
def search(n, budget):
    if n < 0:
        return 0
    c1 = 0
    if prices[n] <= budget:
        c1 = cals[n] + search(n - 1, budget - prices[n])
    c2 = search(n - 1, budget)
    return max(c1, c2)
```

　一般に再帰による全探索コードは簡潔に書ける。「再帰の三カ条」を思い出そう。「再帰は自分自身を呼び出す」「最初に終端条件を書く」「問題をより小さくして自分自身を呼び出す」の3つが満たされていることを確認すること。

　再帰の最初に書くのは終端処理だ。ここでは n を減らしながら再帰するので、n < 0 になったら終了としている。

　次に、n 番目のメニューを注文するか、しないかで2通りに分岐しながら再帰する。もし、n 番目のメニューの値段が現在の予算の範囲内であれば、それを採用した場合のカロリーは、

```
c1 = cals[n] + search(n-1, budget - prices[n])
```

　で得られる。ここで、search(n-1, budget - prices[n]) は、「n-1 番目までのメニューを使って、budget-prices[n] 円で得られる最大カロリー」を返してくれるはずである。

　また、n 番目のメニューを注文しなかった場合は、そのメニューのカロリーが得られない代わりに、予算も減らないので、得られるカロリー c2 は、

```
c2 = search(n-1, budget)
```

　で得られる。動作としてはトーナメントをイメージすれば良い。各試合で、追加してきたメニュー同士で戦う。予算オーバーしたら失格、両者予算内なら、カロリーが多い方が勝ちである。これで最後まで勝ち残ったメニューが、予算内で最大のカロリーとなるはずだ。

7. 全探索の実行

実際に全探索を実行してみよう。7つ目のセルで以下を実行せよ。

```
%%time
cal = search(len(names)-1,1000)
print("{} kcal".format(cal))
```

　実行した結果、実行時間と1000円で得られる最大カロリーのみが表示されるはずである（メニューの取得は）。実行時間と結果を貪欲法と比較せよ。結果は貪欲法と一致したか？　実行時間はどうであろうか？

　次に search(len(names)-1,1200) と、予算を「1200 円」にして実行してみよ。実行時間はどうなっ たであろうか？　予算 1 万円の探索は実行可能できそうか？

　なお、ここで求められるのは最大カロリーだけである。最大カロリーが求まった時、それを与える メニューの組み合わせを求める方法は後述する。

11.6.4　課題1-4　メモ化再帰による動的計画法の実装

　先ほどの全探索コードは、予算が増えるにしたがって指数関数的に時間がかかるので実用的でない。 これを改善するのが**メモ化再帰（memoization）**と呼ばれる方法だ。「メモ化再帰」は、簡単にいえ ば「再帰で組んだ全探索コードにメモ化というテクニックをつけたもの」だ。

　ポイントは search(n, budget) は同じ n と budget の組み合わせについては同じ値を返す、とい う点である。特に n や budget が小さいところでは、同じ組み合わせが何度も呼ばれているため、そ れを毎回計算するのは無駄だ。そこで、一度計算した (n, budget) の組み合わせは、再利用するこ とにしよう。やり方は簡単で、辞書を使うだけである。

8. メモ化再帰の実装

　8 つ目のセルに、メモ化機能をつけた全探索ルーチン search_memo を実装しよう。#　追加 (1) な どのコメントは入力しなくて良い。

```
def search_memo(n, budget):
    if n < 0:
        return 0
    if dic[(n, budget)] is not 0:   # 追加 (1)
        return dic[(n, budget)]      # 追加 (1)
    c1 = 0
    if prices[n] <= budget:
        c1 = cals[n] + search_memo(n - 1, budget - prices[n])
    c2 = search_memo(n - 1, budget)
    cmax = max(c1, c2)
    dic[(n, budget)] = cmax   # 追加 (2)
    return cmax
```

　先ほどの関数 search に、3 行追加しただけだ。

　まず、新たな終端条件として「もしすでに調べた (n, budget) の組み合わせなら、計算済みの値 を返す」という処理を追加したのが「追加 (1)」だ。

```
    if dic[(n, budget)] is not 0:   # 追加 (1)
        return dic[(n, budget)]      # 追加 (1)
```

　ここで、n と budget をまとめたタプル (n, budget) を辞書のキーとしている。

　もし計算したことがない組み合わせなら、そのまま計算するが、せっかく計算したので、それを最 後に覚えておく（メモしておく）のが「追加 (2)」だ。

```
        dic[(n, budget)] = cmax  # 追加 (2)
```

　これは (n, budget) の組み合わせで得られる最大カロリーを辞書に登録するコードだ。まるでメモを取って再利用しているようなのでメモ化と呼ぶ。メモ化は実装が簡単なわりに、極めて効果的な高速化テクニックである。

9. メモ化再帰の実行

　さて、早速実行してみよう。9つ目のセルで以下を実行せよ。まずは予算 1000 円から。

```
%%time
dic = defaultdict(int)
cal = search_memo(len(names)-1,1000)
print(f"{cal} kcal")
```

　メモ化に用いる辞書をここで定義していることに注意。全探索と同じ結果を、非常に高速に返したはずだ。特筆すべきは、実行時間の予算依存性である。全探索の場合は 1000 円を 1200 円にするだけで計算時間が激増した。しかし、メモ化を施した再帰ルーチンなら、10000 円でも実行可能だ。

```
%%time
dic = defaultdict(int)
cal = search_memo(len(names)-1,10000)  # ←ここを 10000 に修正して再実行せよ
print(f"{cal} kcal")
```

　出力された「最大摂取カロリー」を貪欲法によって得た結果と比較せよ。また、ここで得たカロリーは次の「発展課題：解の再構成」で使うので覚えておくこと。

11.6.5　発展課題　解の再構成

　さて、メモ化再帰により、「ある予算内で得られる最大カロリー」はわかったが、「その最大カロリーを与えるメニュー」はわからない。しかし、先ほどメモしたリストと、最大カロリーがわかれば、そのメニューを構成するのは簡単である。

　探索が終わったら、dic[(n, budget)] には、n 番目のメニューまでを使って、予算 budget 内で得られる最大のカロリーがメモされているはずだ。再帰コードをもう一度見ると、この辞書が更新されるのは、メニュー n が注文されるか、されないかの2通りだ。

```
# メニュー n が注文される時
dic[(n, budget)] = cals[n] + search(n-1, budget - prices[n])

# メニュー n が注文されない時
dic[(n, budget)] = search(n-1, budget)
```

　いま、n 番目のメニューまで使って、予算 budget で最大 cal カロリーが得られるとわかって

いるとしよう。このカロリー最大化メニューに n 番のメニューが含まれていないならば、dic[(n, budget)] と dic[(n-1, budget)] が等しくなる。

したがって、メニューを最後から順番にまわして、dic[(n, budget)] と dic[(n-1, budget)] が等しくなければ n をメニューに追加して予算とカロリーを減らし、そうでなければ次を探す、というループを回せば良い。この処理を実装してみよう。

10. 解の再構成 get_menu の実装

10 個目のセルに、「予算」と「カロリー」から「メニュー」を再構成する関数 get_menu を実装せよ。

```python
def get_menu(budget, cal):
    menu = []
    for n in reversed(range(len(names))):
        if cal is 0:
            break
        if dic[(n, budget)] is not dic[(n - 1, budget)]:
            cal -= cals[n]
            budget -= prices[n]
            menu.append(n)
    return menu
```

この関数が、「カロリー最大化メニュー」のインデックスリストを返す。

11. メニューの表示関数 show_menu の実装

get_menu が返すインデックスリストを受け取って、名前やカロリーを表示するコードも書こう。11 個目のセルに以下を実装せよ。

```python
def show_menu(menu):
    for i in menu:
        print(f"{names[i]} {prices[i]} Yen {cals[i]} kcal")
    total_price = sum(map(lambda x: prices[x], menu))
    total_cal = sum(map(lambda x: cals[x], menu))
    print(f"Total {total_price} Yen {total_cal} kcal")
```

12. 解の再構成

上記 2 つをまとめて実行してみよう。まずは 1000 円で得られる最大カロリーのメニューを見てみる。

```python
budget = 1000
dic = defaultdict(int)
cal = search_memo(len(names)-1,budget)
menu = get_menu(budget, cal)
show_menu(menu)
```

貪欲法で得られたメニューが得られれば成功である。

同様に、予算 1 万円の場合のメニューも調べてみよう。

```
budget = 10000 # ここを 10000 にして再実行しよう
dic = defaultdict(int)
cal = search_memo(len(names)-1,budget)
menu = get_menu(budget, cal)
show_menu(menu)
```

実行結果はぜひ自分の目で確認して欲しい。なお、成人男性が 1 日に摂取するカロリーが 2000 kcal だそうである。カロリーと値段の関係を見てどう思ったか？

エレファントな解法

　チェス、将棋、囲碁、オセロといった「ゲーム」は、局面によって打てる「手」が決まっており、これを「合法手」と呼ぶ。例えば、平均で 4 種類の合法手があり、勝負がつくまでに 10 手程度かかるゲームであれば、最終局面の数は 4 の 10 乗、およそ 100 万通りである。もし勝負がつくまでに 40 手かかるとすると、4 の 40 乗でおよそ一兆通りになる。このように、問題サイズに対して状態数が指数関数的に増えることを **組み合わせ爆発（combinatorial explosion）** と呼ぶ。組み合わせ爆発を題材にした、日本科学未来館のフカシギの数え方[1] という動画、通称「フカシギおねえさん」は面白いのでぜひ一度見てみられたい。

　一般に組み合わせ爆発が起きると計算機を使っても手も足もでないことが多いのだが、うまく「大きいけど有限」に問題を落とすことができると計算機で「読み切る」ことができる。その有名な例が四色問題だ。四色問題とは「2 次元の地図に対して、隣り合う領域を同じ色に塗らないという条件を満たしつつ全ての領域に色を塗るのに 4 色あれば足りるか」という命題である。5 色で足りる証明は比較的早く得られたが、4 色で足りることの数学的な証明は長らくされなかった。問題が提起されてからおよそ 100 年後の 1976 年、アッペルとハーケンは、四色問題を「大きいが有限」の問題に帰着させ、スパコンで力任せに「4 色で足りる」ことを証明した。雑な言い方をすれば「この地図全てを 4 色で塗ることができれば、いかなる地図も 4 色で塗ることができる」という「基礎地図（正確には不可避集合）」を全てリストアップし、その「基礎地図」が全て 4 色で塗り分けられることを示す、という方法である。

　似たような「証明」に、「9 × 9 のナンプレについて、解が一意であるためには最低ヒントが 17 個必要である」という定理もある。これも、「全ての可能なナンプレの問題」に対して、それぞれに「全ての 16 ヒント問題」を作り、それが全て解が一意でないことをスパコンで力任せに確認することで証明された。このように「大きいが有限」の問題に帰着させて計算機で力任せに解いてしまうことを「エレファントな証明」と呼ぶ。数学の美しい証明を「エレガントな証明」と呼ぶことの対比である。

　果たして「エレファントな証明」は人類を賢くしているのか？　というのは難しい問題であり、現在もよく議論になる。例えばオセロも 6 × 6 マスまでは完全に解析されており（後手必勝である）、その知識を使えば、後手番なら絶対に負けない思考ルーチンを作ることができるのだが、果たしてそれは「思考」ルーチンといえるのだろうか？　このような問題は、例えば中国語の部屋[2] という思考実験で問題提起されている。

　筆者個人の意見としては、「エレファント」であろうと証明は証明だし、人類の知識を増やしたことは間違いないと考えている。ただし、それが「人類を賢くしたか」は別問題である。今後、「計算機が何か答えを出し、なぜかはわからないがそれが正しいように見える」ことが増えるであろう（天気予報が典型例だ）。このような「計算された知性」と人類はどう向き合うべきか、は難しい問題である。

---

1) https://www.youtube.com/watch?v=Q4gTV4r0zRs
2) https://ja.wikipedia.org/wiki/%E4%B8%AD%E5%9B%BD%E8%AA%9E%E3%81%AE%E9%83%A8%E5%B1%8B

第12章 乱数を使ったプログラム

本章で学ぶこと
- ☐ 疑似乱数
- ☐ モンテカルロ法

12.1 モンテカルロ法

　大勢で「じゃんけん」をした時、なかなか勝負が決まらない経験をしたことがないだろうか。じゃんけんに参加する人数が増えるほど、「あいこ」の確率が増え、勝負が決まらなくなる気がする。それでは、N 人が参加するじゃんけんで、「あいこ」になる確率はいったいどれくらいだろうか？

　もちろんこれは理論的に計算できる。しかし、特に確率の問題は、計算した答えが合っているかどうか不安になるだろう。そこで、実際に計算機でシミュレーションして「答え合わせ」をしたくなる。というわけで、このじゃんけん問題をプログラムで表現することを考えてみよう。

　じゃんけんで「あいこ」になるのは、みんなの出した手が全て同じ（1 種類）か、全て異なる（3 種類）かなので、出した手の種類の数を数えれば良い。したがって、こんなプログラムになるだろう。

1. N 人が「グー」「チョキ」「パー」のどれかを 1/3 の確率で選ぶ
2. 選んだ N 個の「手」が、1 種類か 3 種類の時には「あいこ」
3. 1 と 2 を繰り返して確率を求める

　ここで問題となるのは 1. の「N 人が『グー』『チョキ』『パー』のどれかを 1/3 の確率で選ぶ」というところだ。そのためには「グー」「チョキ」「パー」から「ランダム」にどれかを選ぶ、という処理が必要になる。このようなランダムな事象を扱うために、Python には random というライブラリが用意されている。今回のケースでは、リストの要素をランダムに選ぶ random.choice という関数を使えば簡単に実装できる。

　例えば、「グー」「チョキ」「パー」をそれぞれ G、C、P で表現しよう。この 3 要素を持つリストは ['G','C','P'] で表現できる。そして、

```
import random
random.choice(['G','C','P'])
```

とすると、実行するたびに G、C、P のどれかがランダムに選ばれる。先ほどの random.choice とリストの内包表記を使うと、例えば 10 人のじゃんけんの手のリストは、

```
N = 10
[random.choice(['G','C','P']) for _ in range(N)]
```

で作ることができる。実行結果は、例えば、

```
['G', 'G', 'G', 'G', 'P', 'G', 'C', 'G', 'C', 'P']
```

などとなる (実行するたびに異なる)。
さて、set という関数を使うと、リストのうち重複する要素を削除することができる。

```
set(['G', 'G', 'G', 'G', 'P', 'G', 'C', 'G', 'C', 'P'])
```

上記の実行結果は以下の通り。

```
{'C', 'G', 'P'}
```

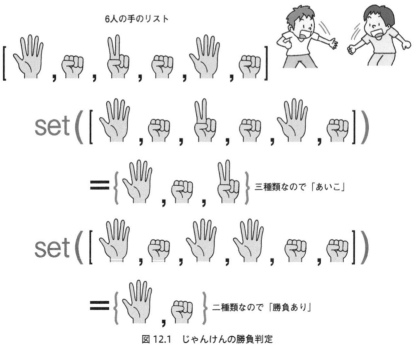

図 12.1　じゃんけんの勝負判定

こうして、N 人の「手」のリストを作り、重複する要素を削除すれば、それが「手」の種類であり、勝負がつくのは「手が 2 種類」の時のみなので、それ以外は「あいこ」としてカウントすれば良い（図12.1）。以上を愚直にコードに落とすとこんな感じになるだろう。

```python
import random

trial = 100000
N = 6
aiko = 0
for _ in range(trial):
    a = [random.choice(['G', 'C', 'P']) for _ in range(N)]
    if len(set(a)) is not 2:
        aiko += 1
print(aiko/trial)
```

6 人で 100000 回じゃんけんをさせて、あいこになった数をカウントし、その確率を求めるものだ。実行結果は、例えば以下のようになるだろう。

```
0.74684
```

厳密解は

$$1 - \frac{2^N - 2}{3^{N-1}} = \frac{181}{243} \sim 0.745$$

なので、「合ってそうだな」ということがわかるだろう（興味がある人はこの厳密解を導出せよ）。

このように、プログラムで確率的な事象をシミュレーションして、何らかの値を求める手法を **モンテカルロ法（Monte Carlo method）** と呼ぶ。ここではモンテカルロ法を厳密な答えがわかっている場合の確率の確認に用いたが、複雑な事象（例えば社会現象）のシミュレーションや、数値積分などに用いることができる。今回は Python でモンテカルロ法を実装してみよう。

12.2 疑似乱数

12.2.1 疑似乱数

いま、サイコロを何度もふって、例えば出た目の数の並びが「4, 6, 1, 2, 3, 1, 1, 2, 4, 4」だったとしよう。ここまでの情報で、「次の出目」を予想できるだろうか？ 「普通」に考えると「4 や 1 が続いてて、まだ 5 が出ていないからそろそろ 5 が出るかな」などと考えたくなるが、もしいま使っているのが理想的なサイコロであるならば、次も 1 から 6 まで等確率で出現するため、どれが出やすいとか、どれが出にくいなどと予想することはできない。このように「これまでの数列の知識から、次の数を予想できない」ような数列を **乱数列（random sequence）** と呼び、乱数列のそれぞれの要素を **乱数（random number）** と呼ぶ。

　計算機において乱数が必要になることは多い。例えばゲームで低確率で出る「会心の一撃」や「痛恨の一撃」を表現するのに乱数が必要だ。レアなモンスターを出現させるのも乱数が必要である。しかし、現在の計算機は決定論的に動作するため「真の乱数列」を表現するのは難しい。「真の乱数列」とは、先ほど定義した通り「これまでの数列から、次の数字が予想できない」ような数列のことであるのに対し、計算機で実現される乱数は **疑似乱数 (pseudorandom number)** と呼ばれる。疑似乱数列は乱数列のように見えるが、実は規則性があり、これまでの乱数から次の乱数が予想できてしまうものだ。疑似乱数列を作る方法には、線形合同法や M 系列など様々な方法があるが、現在広く使われているのは**メルセンヌ・ツイスター法 (Mersenne twister)** という手法である。多くのプログラミング言語が乱数生成のデフォルトアルゴリズムとしてメルセンヌ・ツイスター法を採用している。本書では擬似乱数生成アルゴリズムについては触れないが、興味がある人は調べてみると良い。また、原子核崩壊などの物理現象を用いることで「真の乱数」を作るデバイスも発売されている。また、Xorshift 法という、極めて高速かつ乱数の性質も（メルセンヌ・ツイスター法ほどではないものの）非常に良い手法も提案され、例えばブラウザの JavaScript の乱数生成エンジン等で採用されている。

12.2.2　Python における疑似乱数

　Python には擬似乱数用に random というライブラリが用意されており、様々な関数が用意されていると述べた。そのうちよく使うものの使い方を紹介しておこう。

random.randint

　例えば 1 から 6 までの整数の乱数が欲しければ、random.randint が使える。

　以下のコードを書いて実行してみよう。これは 6 面サイコロを 5 回ふることをシミュレーションしたものだ。

```
import random

for _ in range(5):
    print(random.randint(1,6))
```

これは実行するたびに異なる結果が得られる。例えば以下のような結果が得られる。
1 回目の実行結果。

```
2
6
6
3
6
```

　2 回目の実行結果。

```
5
1
1
3
5
```

random.seed

先ほどのコードは実行するたびに異なる結果が得られた。しかし、以下のようにすると、何度実行しても同じ乱数列が得られる。

```
import random

random.seed(1)
for _ in range(5):
    print(random.randint(1,6))
```

このコードは何度実行しても以下の結果になる。

```
2
5
1
3
1
```

これは random.seed により乱数の「種」を固定したためだ。計算機は、漸化式により乱数列を作ることが多い。漸化式は、生成した乱数を入力として次の乱数を作る方法だが、その一番最初に与える値を乱数の**種 (seed)** と呼ぶ。同じ種からは同じ乱数列が生まれる。これでは乱数としては不都合であるので、「現在時刻」等を乱数の種とすることが多い。こうすると実行するたびに異なる乱数列が得られる。しかし、主にデバッグ目的などで、毎回同じ乱数の種を与えたいこともあり、random.seed は、そのような場合に用いる。

random.random

random.randint を用いると整数の乱数列が得られたが、実数の乱数列が欲しければ random.random を用いる。これは 0 から 1 未満のランダムな実数を返してくれる関数だ。

```
import random
for _ in range(10):
    print(random.random())
```

例えば、実行結果は次のようになる。

```
0.2293093032885165
0.7225401496925509
0.4118307989719816
0.4352123667218194
0.5182296930788952
0.6598049756657662
0.5928754652967204
0.35716459244689625
0.7115734931703437
0.9442876247500515
```

　出現する可能性のある乱数の、それぞれの出現確率が全て等しい場合、その乱数を **一様乱数** （**uniform random number**）と呼ぶ。ある分布に従うような非一様な乱数が生成できると便利な場合もあるが、本書では一様乱数のみを扱うことにする。

random.choice

　リストが与えられた時、そのリストの要素をランダムに選びたいことがある。これはリストのサイズと random.randint を使って書くこともできるが、最初に紹介した random.choice という関数が便利なのでそれを利用しよう。

```
import random
a = ["A","B","C"]
for _ in range(10):
    print(random.choice(a))
```

　例えば、実行結果は以下のようになる。

```
A
A
B
A
C
B
C
C
C
B
```

　ちなみに random.randint を使うとこのようになる。

```
import random
a = ["A","B","C"]
for _ in range(10):
    i = random.randint(0,len(a)-1)
    print(a[i])
```

0から `len(a)-1` の範囲の乱数 `i` を生成し、それをインデックスとして `a[i]` にアクセスしている。

12.3 モンテカルロ法による数値積分

本書では詳細には扱わないが、モンテカルロ法は数値積分にも用いられるので、簡単に紹介しておこう。モンテカルロ法による数値積分で有名なのは、円周率の計算であろう。ダーツの要領でランダムに「矢」を投げ、当たった数で円周率を推定する方法である。以下はn回ダーツを投げて円周率を推定するプログラムである。

```python
from random import random

def calc_pi(n):
    r = 0
    for _ in range(n):
        x = random()
        y = random()
        if x**2 + y**2 < 1.0:
            r += 1
    return 4 * r / n

calc_pi(10000)
```

これは、実は以下のような2次元の数値積分をしていることと等価である。

$$\pi \sim 4 \int_0^1 \int_0^1 \Theta(1 - x^2 - y^2) dx dy$$

ただし$\Theta(x)$はステップ関数で、$x \geq 0$で1、そうでない場合は0となる関数である。この積分は単位円の1/4の面積に対応するので、それを4倍すると円周率になるのは当たり前のように見えるが、実際の手続きとしては、0から1の一様乱数2つの2乗和が1を超えるかどうかを判定しているだけなので、それで円周率という超越数を計算できるのは面白い。

このアルゴリズムは簡単で、少ない試行回数でそこそこの精度が出るが、収束が遅いために円周率を高精度に求めるのには向かない。現在、数値積分目的には単純なモンテカルロ法はほとんど使われておらず、モンテカルロ法というと、ほぼ**マルコフ連鎖モンテカルロ法（Markov-chain Monte Carlo method, MCMC）**のことを指す。ここでは詳細については触れないが、ナイーブなモンテカルロ法に比べてマルコフ連鎖モンテカルロ法は極めて収束が早いため、「ダーツによる円周率」の問題だけを見て「モンテカルロ法は遅い」という印象は持たないで欲しい。

12.4 モンティ・ホール問題

さて、モンテカルロ法により、確率的な事象のシミュレーションをして、何かの確率を求めてみよう。その題材として**モンティ・ホール問題（Monty Hall problem）**を取りあげる。モンティ・ホール問題とは、アメリカの番組の中で行われた、あるゲームに由来する。そのゲームのルールとはこういうものである（図 12.2、図 12.3）。

- 3 つの箱が用意され、その中に 1 つだけ商品が入っており、残りの 2 つは空である。
- プレイヤーは、そのうちの 1 つを選ぶ
- 司会者は、選ばれなかった 2 つの箱の中身を確認し、空である方の箱を開ける
- その上で司会者はプレイヤーに「選んだ箱を変えて良い」という
- さて、プレイヤーは選んだ箱を変えた方が得だろうか？　それとも確率は変わらないだろうか？

3つの箱があり、1つは当たり、2つは外れ

図 12.2　モンティ・ホール問題

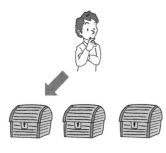

1. プレイヤーは、まず3つの箱のうちの1つを選ぶ。

2. 司会者は、選ばれていない2つのうち、外れの箱を1つ開ける。
   (2つとも外れの場合があるが、1つだけ開ける)

3. ここでプレイヤーは、空いていないもう一つの箱に選択を変える
   ことができる。選択を変える方が得だろうか？ それとも当たる
   確率は同じだろうか？

図 12.3　モンティ・ホール問題の手順

　この問題は有名なので、答えを知っている人も多いだろう。しかし、ここは答えを全く知らないとして、シミュレーションをしよう。

　まずは、司会者が選ばれなかった箱のうち1つを開け、「選んだ箱を変えて良い」と言った時に「最初に選んだ箱を変えない」戦略を考えよう。これを Keep 派と呼ぶ。Keep 派は司会者の影響を受けないので、シミュレーションは簡単だ。

1. 3つの箱を用意し、どれが正解かをランダムに決める
2. プレイヤーは、3つの箱をランダムに選ぶ
3. 正解の箱と、プレイヤーが選んだ箱が一致したら、「一致した回数」を +1 する。

　以上、1〜3を何度も繰り返して、「一致した回数」を「試行回数」で割ったものが Keep 派の正解確率である。

次に、司会者が「選んだ箱を変えて良い」と言われたら「必ず変える」戦略を考えよう。これをChange 派と呼ぶ。Change 派のシミュレーションは以下のようになるだろう。

1. 3 つの箱を用意し、どれが正解かをランダムに決める
2. プレイヤーは、3 つの箱をランダムに選ぶ
3. 司会者は、残った箱のうち「正解でない方」をランダムに選ぶ
4. プレイヤーは「司会者が開けなかった方」を選び、それを最終決定とする

以上、1 〜 4 を何度も繰り返し、「一致した回数」を「試行回数」で割ったものが Change 派の正解確率である。

12.5　パーコレーション

乱数を使うプログラムのもう一つの例としてパーコレーションを取り上げる。

12.5.1　パーコレーションとは

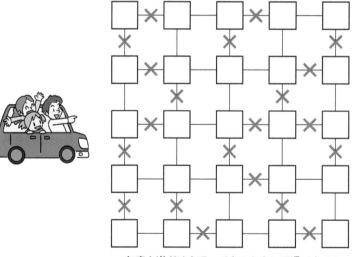

パーコレーション

碁盤の目状の道がところどころ通行止めになっている

無事な道だけを通って左から右に通過できるか？

図 12.4　パーコレーション

　札幌の市街のような、碁盤の目のような道路があるとしよう。ところがある日、大雪が降って、道がところどころ通行止めになってしまった（図 12.4）。いま、道が通行可能な確率を p としよう。通行可能な道だけを通って「こっち側」から「向こう側」に通過できる確率 C を知りたい。確率 C は確率 p の関数となる。当然、p が小さければ渡れる確率は低く、大きければ渡れる確率は高くなると思われるが、どんな関数になるか想像できるだろうか？

　これは **ボンド・パーコレーション（bond percolation）** と呼ばれるモデルとなり、十分大きなシステムでは「p がある値 p_c 未満ではほぼ確実に渡ることができず、p_c より大きければほぼ確実に渡ることができる」という振る舞いを見せる。つまり、系の振る舞いがパラメタのある一点を境に大きく変化する。このように、あるパラメタを変化させていった時に、ある点で系の性質が大きく変化することを **相転移（phase transition）** と呼び、性質が変わるパラメタの境目 p_c を **臨界点（critical point）** と呼ぶ。

　パーコレーションは、相転移を示す最も簡単なモデルのひとつだ。身近な相転移としては、水の沸騰などが挙げられる。水を 1 気圧の条件で温度を徐々に挙げていくと、摂氏 100 度で沸騰し、水蒸気になる。水も水蒸気も水分子から構成されており、それは全く変化していない。しかし、水分子の集団としての振る舞いが大きく変化するのである。0 度以下に冷やすと凍るのも相転移である。

　このパーコレーションをプログラムで解析してみよう。以下、道路の交差点を **サイト（site）** と呼ぶ。各サイトは別のサイトと道でつながっているが、その道は確率 p で通行可能、$1 - p$ で通行止めになっているとする。あるサイトから別のサイトに通行可能ならば、それらのサイトは「つながっている」と定義し、「つながっているサイト」のまとまりを **クラスター（cluster）** と呼ぶ。

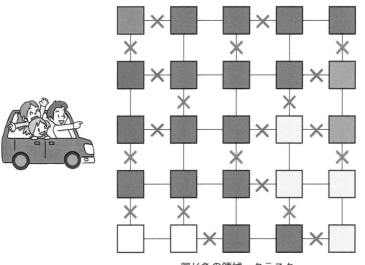

クラスタリング

お互いにつながっている領域を色分けする

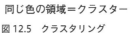

同じ色の領域＝クラスター

図 12.5　クラスタリング

通行可能確率 $p = 0$ の時には、全ての道が通行止めになっているので、各サイトは全て孤立している。逆に $p = 1$ の時には、全ての道が通行可能なので、全てのサイトが 1 つのクラスターとなる。その中間の値の時には、各サイトが複数のクラスターに分離するであろう。このように、お互いにつながっているサイトをまとめることを**クラスタリング（clustering）**と呼ぶ（機械学習などで耳にするクラスタリングとは意味が異なるので注意）（図 12.5）。このクラスタリングを行うために、Union-Find アルゴリズムを用いる。

12.5.2　Union-Find アルゴリズム

あるサイト A から、あるサイト B に到達可能であったとする。サイト B からサイト C に通行可能であるならば、A から C に到達可能である。いま、サイト X からサイト Y に到達可能であることを「X 〜 Y」と表記すると、「〜」は同値類を作る。同値類というと難しそうだが、要するに「『友達の友達』は友達である」と定義した時に、お友達グループに分類しましょう、ということである。先ほどのパーコレーションならば、「お互いに到達可能なサイト」は同値類を作る。

さて、A と B がつながっており、B と C がつながっていることがわかった時、A と C がつながっている、ということをどうやって知れば良いだろうか？　この問題は単純そうに見えて意外に面倒くさい。次々とサイトをつなげてクラスターを作っていく時、大きなクラスター同士が「つながった」時に、それぞれに属すサイトを全てつなげる、という処理をしなければならない。このような処理に便利なのが **Union-Find** と呼ばれるアルゴリズムだ。

Union-Find は、Union-Find 木と呼ばれる木構造を作るアルゴリズムで、その名の通り「Union」処理と「Find」の 2 つの処理からなる。Union-Find 木は「上司」「部下」の関係を表現するようなデータ構造だ（図 12.6）。

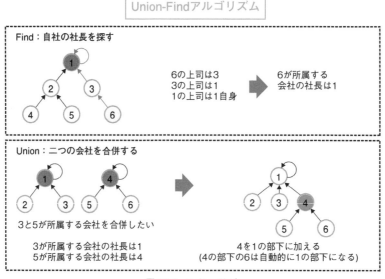

図 12.6　Union-Find

　まず、Find は、「自分の属す会社の社長」を探す処理である。各サイトは「自分の上司」を覚えている。その上司にはさらに上司がいて……とたどっていくと、最終的に「自分自身が上司」となるサイトに到達する。この「自分自身が上司」となるサイトを社長としよう。例えば上の図で、6 番の所属する会社の社長を探してみる。6 の上司は 3、3 の上司は 1 であり、1 の上司は自分自身であるため、6 の所属する会社の社長は 1 とわかる。

　次に Union は「2 つの会社の合併処理」をする。いま、図 12.6 の下の図で 3 の所属する会社と 5 の所属する会社を合併したいとする。しかし、3 も 5 も平社員だ。そこでそれぞれの所属する会社の社長である 1 と 4 に相談する。相談の結果、1 の会社が 4 を吸収合併することに決まった。それまで 4 の上司は自分自身だったが、新たに 1 を上司としてつなぎ替える。この状態で「6」の所属する会社の社長を探すと、「6 の上司は 4」「4 の上司は 1」となり、直接合併に携わらなかった 6 も正しく 1 の会社に所属していることがわかる。

　課題では、この Union-Find アルゴリズムを用いて、パーコレーションのクラスタリングを行ってみよう。

12.6　乱数を使ったプログラム

12.6.1　課題 1-1　モンティ・ホール問題 (Keep 派)

　モンティ・ホール問題において、Keep 派、Change 派それぞれの「正解確率」を計算し、どちらが得かを考えてみよう。新しいノートブックを開き、monty_hall.ipynb という名前で保存せよ。

　まずは Keep 派のシミュレーションをしよう。

1. ライブラリのインポート

　何はともあれ、まずはライブラリのインポートである。後で使うライブラリをまとめてインポートしておこう。

```
from random import choice, seed
from copy import copy
```

2. Keep 派のアルゴリズム keep を実装

　まずは箱の中身のリストを渡された時に、正解の箱とプレイヤーの選ぶ箱をランダムに選び、一致するかどうかを返す関数 keep を作ってみる。2 つ目のセルに以下を入力せよ。

```
def keep(boxes):
    answer = choice(boxes)
    first_choice = choice(boxes)
    return answer == first_choice
```

　answer が正解の箱、first_choice がプレイヤーの最初の選択である。Keep 派は最初の選択か

ら箱を変えないので、これが最終決定となる。

3. keep の動作確認

　入力・実行したら、適当な箱リストを与えて keep を呼んでみよう。3 つ目のセルに以下を入力し、実行せよ。

```
seed(1)
boxes = [1,2,3]
for _ in range(10):
    print(keep(boxes))
```

　このような結果が得られるはずである。

```
False
False
False
True
False
True
False
True
False
False
```

　正解の箱とプレイヤーの選んだ箱が一致したら True、そうでなければ False と表示されている。

12.6.2　課題 1-2　Change 派

　さて、先ほどとは逆に「選んだ箱を変えて良い」と言われた時に、必ず箱を変える戦略を考えよう。これを Change 派と呼ぶ。

4. 関数 change の実装

　4 つ目のセルに、change を実装しよう。箱のリストを受け取り、正解 answer と、プレイヤーが最初に選ぶ箱 first_choice を決めるところまでは同じである。

　さて、次に「司会者が開ける箱」を考える必要がある。司会者が開けるのは、プレイヤーが選んだ箱であっても、正解の箱であってもならない。ここで、最初にプレイヤーが選んだ箱が正解かどうかで処理が変わる。

- もしプレイヤーが最初に選んだ箱が正解ならば、司会者は残りの 2 箱のどちらを開けても良いので、ランダムに開ける。したがって、プレイヤーの 2 回目の選択は、「残りの 2 箱」からランダムに選ぶことになる
- もしプレイヤーが最初に選んだ箱が答えでないのなら、残りの 2 箱には必ず正解が含まれる。

司会者は正解ではない箱を開けるため、Change 派のプレイヤーの2度目の選択は正解の箱となる

以上の処理をそのままプログラムに落とすことにしよう。以下の「ここを埋めよ」のところで、プレイヤーが2度目に選択する箱 second_choice を決めるコードを書け。

```python
def change(boxes):
    answer = choice(boxes)
    first_choice = choice(boxes)
    rest_boxes = boxes.copy()
    rest_boxes.remove(answer)
    if first_choice == answer:
        second_choice = # ここを埋めよ (1)
    else:
        second_choice = # ここを埋めよ (2)
    return answer == second_choice
```

- ヒント1：最初に選んだ箱（first_choice）が正解かどうかで条件分岐している。
- ヒント2：rest_boxes は、「正解を除いた」2つの箱のリストである。
- ヒント3：正解を除いた2つの箱からランダムに1つ選ぶには choice(rest_boxes) とすれば良い。
- ヒント4：最初に正解を選ばなかった場合、次に開ける箱はどんな箱だろうか？

5. change の動作確認
5つ目のセルで change 関数の動作確認しよう。

```python
seed(1)
boxes = [1,2,3]
for _ in range(10):
    print(change(boxes))
```

実行するとこのような結果が得られるはずである。

```
True
True
True
False
False
True
True
True
False
True
```

6. 確率の計算

Keep 派、Change 派の行動が両方シミュレートできるようになったので、それぞれの「正解確率」を計算してみよう。6 つ目のセルに以下を入力せよ。

```
seed(1)
boxes = [1,2,3]
k = 0
c = 0
n = 10000
for _ in range(n):
    if keep(boxes):
        k += 1
    if change(boxes):
        c += 1
print("Keep  : " + str(k/n))
print("Change: " + str(c/n))
```

n が試行回数、k が Keep 派の正解数、c が Change 派の正解数であるから、k/n が Keep 派の、c/n が Change 派の正解確率である。どちらが正解確率が高かっただろうか？　また、それはなぜか考察せよ。

12.6.3　課題 2　パーコレーション

乱数を使ったシミュレーションの例として、パーコレーションを考える。L × L の碁盤の目上の道が、確率 p で通行できて、$1 - p$ で通行止めになっているとする。この時、通行可能な道を通過してお互いに行き来できる場所を色分けしてみよう。

新しいノートブックを開き、percolation.ipynb として保存せよ。

1. ライブラリのインポート

最初のセルでは、いつもどおりライブラリのインポートをする。

```
import random
from PIL import Image, ImageDraw
```

2. find 関数

2 つ目のセルで、自分が所属するクラスタ番号を調べる find 関数を実装しよう。自分の番号が親の番号と一致する i = parent[i] まで、親をたどっていくプログラムである。

```
def find(i, parent):
    while i != parent[i]:
        i = parent[i]
    return i
```

3.union 関数

3つ目のセルで、2つのサイトを確率的につなぐunion 関数を実装しよう。サイト i とサイト j のクラスター番号を find で取得し、サイト j の所属するクラスタの親をサイト i が所属するクラスタにすることで、2つのサイトをつなぐことができる。

```python
def union(i, j, parent):
    i = find(i, parent)
    j = find(j, parent)
    parent[j] = i
```

4. 状態の作成

find と union の実装ができたら、サイトの状態を作るのは難しくない。4つ目のセルに以下を入力せよ。

```python
def make_conf(L, p):
    parent = [i for i in range(L * L)]
    for iy in range(L-1):
        for ix in range(L-1):
            i = ix + iy * L
            j = ix+1 + iy * L
            if random.random() < p:
                union(i, j, parent)
            j = ix + (iy+1) * L
            if random.random() < p:
                union(i, j, parent)
    return parent
```

最初に「親」の情報 parent を作成しておく。最初は全て parent[i] = i、つまり自分の親が自分自身である状態にしておく。そして、右端と下端を除く全てのサイトについて「右」と「下」のサイトと確率的につなぐ処理を記述している。if random.random() < p: というセンテンスは「確率 p で if 文の中身が実行される」という処理で、確率的な処理の基本となるので覚えておくと良い。

5. 状態の可視化関数

5つ目のセルに、サイトの親の情報を受け取って可視化する関数 show_image を実装しよう。

```python
def show_image(parent, L):
    size = 512
    s = size // L
    im = Image.new("RGB", (size, size), (255, 255, 255))
    colors = []
    for _ in range(L*L):
        r = random.randint(0, 255)
        g = random.randint(0, 255)
        b = random.randint(0, 255)
```

```
        colors.append((r, g, b))
    draw = ImageDraw.Draw(im)
    for iy in range(L):
        for ix in range(L):
            i = ix + iy * L
            i = find(i, parent)
            c = colors[i]
            draw.rectangle((ix*s, iy*s, ix*s+s, iy*s+s), fill=c)
    return im
```

あらかじめランダムにクラスター番号と色の対応表 colors を作っておき、それぞれのサイトのクラスター番号で色を塗ることで「同じクラスターは同じ色で塗る」を実現している。

6. シミュレーション

では、早速シミュレーションをしてみよう。まずは通行確率 p が 0、つまり全ての区間が孤立している状態を可視化してみる。6 つ目のセルに以下を入力、実行せよ。

```
L = 256
p = 0.0
sites = make_conf(L, p)
show_image(sites, L)
```

ここまで正しく実装されていれば、ノイズのような画面が表示されたはずである。

では、次に p = 0.4 を試してみよ。お互いに通行可能な区間が同じ色で表示されるため、同じ色で塗られた領域（クラスター）が出現したはずである。

p=0.49 と、p=0.51 をそれぞれ何度か試し、気づいたことを報告せよ。例えば、同じ色のクラスターだけをたどって「左から右」へ到達できるだろうか？　無事な道のみを通って「左から右」に通過できる確率 P は、通過可能確率 p の関数であるはずだが、$P(p)$ はどのような関数となるか考察せよ。

12.6.4　発展課題　コンプガチャの確率

確率の難しさは、時に「正しい」確率が人の直感に反して大きかったり小さかったりする点にある。人の直感より確率が大きい例としては「誕生日のパラドックス」が知られている。誕生日が 365 日均等に分布しているとして、30 人のクラスで誕生日が重なる人がいる確率はどれだけだろうか？直感的には 365 日に対して 30 人なので、10% もないように思えるが、実際には約 70.6% の確率で誕生日が同じ人がいる。

逆に、人の直感より実際の確率が小さいことを「悪用」する例としては「コンプガチャ」と呼ばれる景品がある。これは「絵合わせ」もしくは「カード合わせ」と呼ばれる古典的なギャンブルであり、

- 複数種類の絵柄のあるカードがあり、お金を払うとそのどれかがランダムで手に入る
- 複数の絵柄を全て揃えたら、景品が当たる

というものである。例えば、あるアーティストの CD を購入すると、44 種類あるポスターのうちどれかがランダムにあたる特典があり、44 種類のポスター全てをコンプリートしたらイベントに招待する、という事例があったとしよう。全種類揃えるのに平均で何枚 CD を購入する必要があるか、すぐにわかるだろうか？　これを計算してみよう。新しい Python3 ノートブックを開き、gacha.ipynb という名前で保存せよ。

1. インポート

まずは random をインポートしておこう。

```
import random
```

2. シミュレーション

n 種類のポスターを揃えるのに何枚 CD が必要になるかを試してみる関数 gacha を実装しよう。以下の「条件」と「ポスター追加処理」を埋めてコードを完成させよ。

```
def gacha(n):
    cd = 0
    posters = []
    while 条件 < n:
        # ポスター追加処理
        cd += 1
    return cd
```

cd は購入した CD の枚数、posters は、当たったポスターのリストであり、このコードでは n 種類のポスターを揃えるまで CD を購入し続け、揃った段階で購入した CD の枚数を返す関数である。

- ヒント 1：これまでに得られたポスターの「種類」は len(set(posters)) で得ることができる。
- ヒント 2：1 から n までのランダムな数を posters に追加することで n 種類のポスターがランダムに当たる処理を表現する。
- ヒント 3：1 から n までのランダムな数は random.randint(1, n) で得られる。リストへの追加は posters.append を使う。

3. 実行

gacha が完成したら、それをなんども実行して「購入 CD 枚数の期待値」を計算しよう。3 つ目のセルに以下を入力、実行せよ。

```
trial = 100
cd = 0
N = 44
for _ in range(trial):
```

```
    cd += gacha(N)
print(cd / trial)
```

CD の平均購入枚数はどれくらいであっただろうか？

4. 厳密解

n 種類のコンプガチャを揃えるための試行回数の厳密解は以下で計算できる。実行し、シミュレーションによって得られた結果が近い値かどうか確認せよ。

```
def p(n):
    r = 0.0
    for i in range(n):
        r += n/(i+1)
    return r

p(44)
```

「44 種類ある絵柄が等確率で当たり、44 種類揃えたら景品を渡す」という文面に偽りがなく、確率操作などをせず全くその通りに実施するとしても、これは違法となる可能性がある。これは違法とすべきか、そうでないのか、その理由を考えよ。

疑似乱数とゲーム

　ゲームには乱数がつきものである。RPG などでは、どの敵が現れるか、攻撃が成功するか、失敗するかなど、全てランダムに決めたい。「はぐれメタル」などのレアなモンスターに、「会心の一撃」などのレアな攻撃が当たって興奮した、などの経験があるだろう。しかし、ゲームは計算機であり、計算機における乱数は疑似乱数である以上、理論上乱数は予想可能である。例えばあるゲームでは「ゲーム機が稼働開始してからの時間」を乱数の種に使っていたため、ゲーム機の電源を落とすと敵の出現テーブルがリセットされたり、レアな敵が出た時にセーブしてリセットすると、また同じ敵が現れてしまうなどの仕様があった。これを利用してレアな敵を狩りまくり、貴重なアイテムを多数手に入れるという「技」があった (古い例で恐縮だが、例えば初代ゲームボーイの RPG「Sa・Ga2 秘宝伝説」の「はにわ狩り」等)。また、動画などを見ていて「TAS」という言葉を見かけたことはないだろうか。これは「Tool Assisted Speedrun」の略で、もともとゲームをエミュレータ上で実行し、理論上可能だが人間には不可能な速度でクリアすることを指したが、そのうちタイムアタック以外についても TAS と呼ばれるようになった。例えば TAS による RPG のタイムアタック動画では、「はぐれメタル」ばかり出て、それに「会心の一撃」ばかりあたるようなことが起きる。次にこういう動画を見る時、一見無駄な動作が混ざっていないか注意してみよう。これは乱数調整といわれる手法である。例えばサイコロで「6」が出たら「会心の一撃」が出ることがわかっており、かつこれからのサイコロの目が「2,4,1,3,6」という順番であることもわかっている場合、戦闘の自分の番で「6」が出るように、事前にサイコロを振るのである。

　疑似乱数とゲームといえば、面白いのが「質の悪い乱数」によるバグだろう。「カルドセプトサーガ」という Xbox360 のゲームがある。カルドセプトは、モノポリーのようなボードゲームに、マジック・ザ・ギャザリングのようなカードによるクリーチャー同士の戦いを組み合わせたようなゲームで、その戦略性から人気のあるシリーズであった。しかし「カルドセプトサーガ」は、サイコロの出目が非常に偏っており、例えば偶数と奇数が交互に出る問題があった。このようなサイコロゲームで、次の目が予想できるというのは致命的である。例えば「他のプレイヤーがサイコロで偶数の目を出すまで行動不能」という呪いがあるのだが、うまく行動することでずっと奇数の目を出し続け、相手の行動不能状態を維持し続けることができたようだ (後にパッチにより改善された)。この問題が発覚したのち、ネットで「サイコロくらい簡単だろ」と「正しい」サンプルプログラムを書いた人がいたが、それもことごとくカルドセプトサーガと同じ過ちを犯していたそうである。「ネットに書き込む前に一呼吸」を意識しよう。

第13章　数値シミュレーション

本章で学ぶこと
- ☑ 差分化
- ☑ 拡散方程式
- ☑ 反応拡散方程式

13.1　数値シミュレーション

　物理学とは、我々が存在するこの宇宙を記述する学問である。そして（なぜかはわからないが）この宇宙は微分方程式で記述されている。したがって、極言すれば物理学とは微分方程式を解く学問である。幸か不幸か、ほとんどの微分方程式は解析的に解くことができない。しかし、方程式さえわかれば、それを数値的に解くことは可能である。何かの現象に着目し、それを記述する方程式を **支配方程式**（governing equation）と呼ぶ。この支配方程式を数値的に解くことでその振る舞いを調べることを **数値シミュレーション**（numerical simulation）と呼ぶ。

　さて、この世界の空間や時間は（おそらく）連続的であるのに対し、コンピュータは原則として離散的な値しか扱うことができない。数値シミュレーションとはこの世界の出来事をコンピュータの中に再現することであるから、計算するにあたって連続的な値を離散的な値に変換する必要がある。例えば、パソコンやスマホで動画を見ることがあるだろう。動画は、我々が目にする世界のように、空間的にも時間的にも連続的に見えるが、実際には時間方向は静止画像を高速にコマ送りすることで連続的に見せており、静止画像も拡大するとピクセル単位で離散化されている（図13.1）。

空間の離散化	時間の離散化

拡大するとピクセルに　　　　　　静止画像を高速コマ送り

我々が計算機を通して目にするものは離散化されている

図 13.1　時間と空間の離散化

　このように、連続的な値をコンピュータで扱うために離散的な値にすることを **離散化**（**discretization**）と呼ぶ。以下では、時間や空間を離散化することで微分方程式を計算機が扱いやすい形にして、その振る舞いを数値シミュレーションで解析してみよう。

13.2　差分化

　いま、ある量 $f(t)$ の時間微分 $f'(t)$ が与えられているとしよう。時間に関する離散化とは、ある小さな時間刻み h に対して、$f(t)$ の値からなんとかして $f(t+h)$ の値を推定することである。時間微分 $f'(t)$ がわかっているので、厳密な表式は積分で与えられる。

$$f(t+h) = f(t) + \int_t^{t+h} f'(t)dt$$

　この式の意味は時刻 t において $f(t)$ の値である時、それに t から $t+h$ までの時間変化 $f'(t)$ を全て積算したものを加えると $f(t+h)$ の値になります、ということであり、なんら難しいことは言っていない。

　さて、一般にはこの積分を求積することはできないので、なんらかの近似をする。最も単純な近似は、時間刻み h が小さいので、その間は $f'(t)$ が時間変化しないものとみなすことだろう。すると、$f'(t)$ を積分の外に出すことができるので、

$$f(t+h) \sim f(t) + hf'(t)$$

と近似することができる。$f(t+h)$ を t の周りでテイラー展開して、1次までとると、

$$f(t + h) = f(t) + f'(t)h + O(h^2)$$

となることから、先ほどの近似はhの1次まで正しい。これを1次近似と呼ぶ。この式は、右辺、すなわち時刻tにおける$f(t)$の値と、その微係数$f'(t)$がわかっていれば、左辺、すなわち時刻$t + h$における値$f(t + h)$は、$f(t) + f'(t)h$で近似できる。

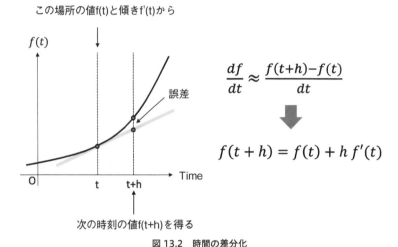

この場所の値f(t)と傾きf'(t)から

$$\frac{df}{dt} \approx \frac{f(t+h) - f(t)}{dt}$$

誤差

$$f(t + h) = f(t) + h\,f'(t)$$

次の時刻の値f(t+h)を得る

図13.2　時間の差分化

以上から、ある時刻t_0における値$f(t_0)$がわかっている時、

$$f(t_0 + h) = f(t_0) + f'(t_0)h$$
$$f(t_0 + 2h) = f(t_0 + h) + f'(t_0 + h)h$$
$$f(t_0 + 3h) = f(t_0 + 2h) + f'(t_0 + 2h)h$$
$$\cdots$$

と、代入を繰り返すことで任意の時刻の値を求めることができる。このように、微分を離散単位で近似することを差分化と呼び、差分化により微分方程式を扱う手法を **差分法（finite difference method）** と呼ぶ。特に、先ほどのように1次近似の差分法を **オイラー法（Euler's method）** と呼ぶ。

13.3　ニュートンの運動方程式

　互いに重力で引き合う2つの星の軌道の形が楕円となることは知っているであろう。ではなぜ楕円となるか、答えられるだろうか？　様々な答えはあろうが、一つの答えは「距離の逆2乗に比例する力で互いに引き合う2つの物質の運動方程式を解くと、その軌道が楕円となるから」である。さて、運動方程式とはなんだったか覚えているだろうか。最も簡単な運動方程式は$F = ma$である。これは、物質にかかる加速度と力が比例し、その比例係数が物質の質量であることを主張する。さて、

加速度とは速度の時間変化である。したがって、先ほどの運動方程式は、より正確に書くと、

$$m\frac{dv}{dt} = F$$

となる。さらに速度とは、単位時間当たりの位置の変化分であった。それもあわせて書くと、以下の式が得られる。

$$\frac{dv}{dt} = \frac{F}{m}$$
$$\frac{dr}{dt} = v$$

すなわち、運動方程式とは時間に関する連立常微分方程式である。ここで、2 つの物体の間に距離の 2 乗に反比例する力を仮定すると、宇宙空間内で互いに重力で引き合う 2 つの星の運動を表す方程式となる。これを解くと、軌道が楕円になることや、面積速度一定則、調和の法則など、いわゆるケプラーの三法則が導かれる。 自然科学において法則とは、実験や観測などで再現可能な自然の振る舞いである。物理学とは、より基本的な原理から、観測事実である「法則」を導き、説明しようとする営みである。課題では、運動方程式の簡単な場合として、重力下での自由運動、すなわち弾道計算を行ってみよう（課題 1）。

13.3.1　空気抵抗がない場合の弾道計算

　ものを斜め上に投げた時、最も遠くに飛ばすにはどんな角度で投げれば良いだろうか。ただし空気抵抗は無視するものとする。答えが初速に依らず 45 度であることは知っているであろう。では逆に、初速と的までの距離が決まっている時に、何度で投げれば的に当てることができるだろうか？　例えば初速 100 m/s で、500 m 先にある的に当てたい時の角度は？　さらに、投げる場所と当てたい場所に高低差がある場合はどうなるだろう？　空気抵抗を無視するなら 2 次方程式を解くだけだが、すぐに暗算するのは難しいであろう。この「重力下で物に初速を与えて飛ばして目的の場所に落とす」という設定は、戦争において極めて重要な問題設定であった。例えば敵までの距離がわかっている時に、迫撃砲の角度を何度にすれば良いかを「すぐに」決めなくてはならない。当然だが戦闘中にいちいち方程式を解く暇はなく、実際には空気抵抗もあるために距離と角度の関係は難しい。そこで、あらかじめ弾の種類と距離に応じて「射表」と呼ばれる距離と角度の関係表を作っていた。実際に射出して着弾距離を調べることも行われたが、数値計算も行われた。最初期の電子計算機である ENIAC は、もともと砲撃の射表の作成のために作られたものだ。ENIAC は微分方程式を解くことができ、これが本格的な数値シミュレーションの始まりである。ENIAC がその後「マンハッタン計画」にも用いられたことからもわかるように、計算機は軍事利用と深い関係にあり、スーパーコンピュータは半ば「兵器」として扱われた。強力な計算機を保有することは軍事的に優位に立つために必要であり、実は現在もその名残が様々なところにみられるのだが、それはさておく。

　さて、いま皆さんの目の前にあるのは、ちょっと前のスーパーコンピュータなみの計算能力を持つ

計算機である。それを使って、簡単なシミュレーションをしてみよう。2次元の場合を考えよう。速度ベクトルを $\vec{v} = (v_x, v_y)$、位置ベクトルを $\vec{r} = (r_x, r_y)$ とし、運動方程式をそれぞれの要素について書き下すと以下のようになる。

$$\dot{v_x} = 0$$
$$\dot{v_y} = -g$$
$$\dot{r_x} = v_x$$
$$\dot{r_y} = v_y$$

さて、この式は厳密に解けるのだが、その厳密解を知らないものとし、シミュレーションで近似的に解を求めることにする。求めたいものは重力下で角度 θ で物体を投げた時の物体の軌道である。まず、数値計算で扱いやすいように、時間を離散化しよう。

先の運動方程式に1次の差分化（オイラー法）を適用すると、

$$v_x(t + h) = v_x(t)$$
$$v_y(t + h) = v_y(t) - gh$$
$$r_x(t + h) = r_x(t) + v_x(t)h$$
$$r_y(t + h) = r_y(t) + v_y(t)h$$

となる。この計算を一度行うことで、時刻 t の物理量から時刻 $t + h$ の物理量が得られる。あとはこれを繰り返せば（時間刻み h の精度で）任意の時刻の位置と速度がわかることになる。

厳密解も求めておこう。まず、運動方程式から速度に関する部分を抜き出すと以下のようになる。

$$\dot{v_x} = 0$$
$$\dot{v_y} = -g$$

これは簡単に求積できる。初期条件として、仰角 θ、速度 v_0 で投げたとすると、$v_x(0) = v_0 \cos\theta, v_y(0) = v_0 \sin\theta$ であるから、

$$v_x(t) = v_0 \cos\theta$$
$$v_y(t) = -gt + v_0 \sin\theta$$

となる。これをさらに時間積分したものが座標であるから、初期位置が原点、すなわち $(r_x, r_y) = (0, 0)$ であったとすると、

$$r_x(t) = v_0 t \cos\theta$$
$$r_y(t) = -\frac{gt^2}{2} + v_0 t \sin\theta$$

これが求めたい軌道であった。着弾するまでの時間は $r_y(t_f) = 0$ となる t_f であるから、

$$t_f = 0, \frac{2v_0 \sin\theta}{g}$$

である。x方向の速度はずっと$v_0 \cos\theta$であるから、着弾までに飛んだ水平距離$l(\theta)$は、

$$l(\theta) = v_0 t_f \cos\theta = \frac{2v_0^2 \sin\theta \cos\theta}{g}$$

これを最大にする角度は、$l'(\theta) = 0$を満たすθであり、v_0やgの値によらず$\theta = \pi/2$、すなわち45度であることがわかる。

13.3.2 高低差がある場合の弾道計算

地面から投げた場合は45度の角度が最も遠くに飛ぶ

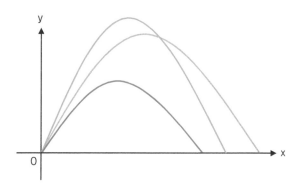

少し高いところから投げた場合は？

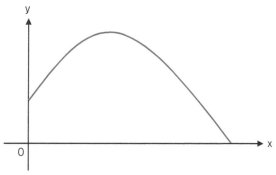

図 13.3 高低差がある場合の弾道

さて、先ほどは、水平な地面から物を投げて、そのまま地面にぶつかるまでの距離を計算した。この場合、最も遠くに飛ぶ角度は45度である。では、台の上に乗って物を投げた場合はどうだろうか（図13.3）？　なんとなく一番遠くに飛ぶ角度が45度からずれることは想像がつくであろう。では、

上向きにずれるだろうか？　それとも下向きにずれるだろうか？

　いま、初速 v_0、仰角 θ で投げるのは同じとして、最初に高さ y_0 から物体を投げたとしよう。物体が従う運動方程式は地面から投げた場合と同じだが、初期条件が異なる。まず、速度については解は変わらない。

$$v_x(t) = v_0 \cos\theta$$
$$v_y(t) = -gt + v_0 \sin\theta$$

しかし、位置については、r_y に y_0 が加わる。

$$r_x(t) = v_0 t \cos\theta$$
$$r_y(t) = -\frac{gt^2}{2} + v_0 t \sin\theta + y_0$$

違いはたったこれだけだが、急に式が面倒になる。まず、着弾までの時刻 t_f は $r_y(t_f) = 0$ の解であるから、

$$t_f = \frac{v_0 \sin\theta + \sqrt{v_0^2 \sin^2\theta + 2g y_0}}{g}$$

ただし、複号は正の解をとった。着弾までに進む水平距離は

$$l(\theta) = v_0 t_f \cos\theta$$

これを θ で微分して $l'(\theta) = 0$ となる θ を探せば良いが、実際に計算すると、解が初等的には求まらないことがわかるであろう。これを数値計算で求めてみよう。

13.4 反応拡散方程式（グレイ・スコット模型）

　先ほどはニュートンの運動方程式を数値的に解くことで弾道計算を行った。この時、時間のみ離散化し、空間は連続のままだった。次は時間と同時に空間も離散化してみよう。そんな系の例として**反応拡散系（diffusion-reaction system）**を取り上げる（課題2）。

　等モルの塩酸と水酸化ナトリウムを混ぜると、食塩水ができることは知っているであろう。この反応は一方通行であり、混ざって食塩ができておしまいである。しかし、ある種類の化合物を混ぜて反応させると、ある物質ができたり消えたりを繰り返すことがある。最も有名な例は **BZ 反応（ベロウゾフ・ジャボチンスキー反応, Belousov-Zhabotinsky reaction）**であろう。これは、ある溶液を混ぜると、その後しばらく溶液の色が周期的に変動する現象である（図 13.4）。非常に雑に説明すると、反応を記述する方程式が時間の 2 階微分方程式になり、振動解が出てくるのがこの現象の本質である。

図 13.4　BZ 反応

さて、BZ 反応は時間的に変動する現象であるが、これが拡散と結びつくと、時間的な変動が空間的に伝播していく。これにより複雑な模様ができあがる。化学反応 (reaction) と拡散 (diffusion) が組み合わさった現象であるから反応拡散系 (diffusion-reaction system) と呼ばれる。反応拡散系は様々な例が知られているが、そのうちの一つ、グレイ・スコットモデル (Gray-Scott model) を取り上げる。

グレイ・スコットモデルは、以下のような連立偏微分方程式で記述される。

$$\frac{\partial u}{\partial t} = D_u \Delta u - uv^2 + F(1 - u)$$
$$\frac{\partial v}{\partial t} = D_v \Delta v + uv^2 - (F + k)v$$

右辺の第 1 項が拡散項、その後ろにあるのが反応を記述する力学系である（図 13.5）。3 次元を考えることもできるが、ここでは 2 次元空間を考える。

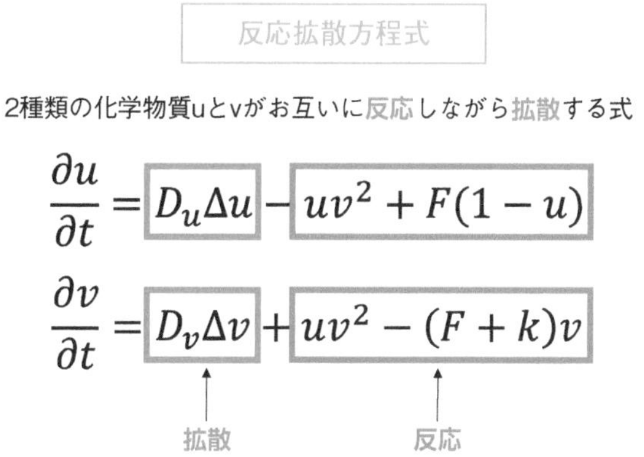

反応拡散方程式

2種類の化学物質uとvがお互いに反応しながら拡散する式

$$\frac{\partial u}{\partial t} = \boxed{D_u \Delta u} - \boxed{uv^2 + F(1 - u)}$$
$$\frac{\partial v}{\partial t} = \boxed{D_v \Delta v} + \boxed{uv^2 - (F + k)v}$$

拡散　　　　　反応

図 13.5　Gray-Scott 模型

　まず、空間を差分化して扱うことにしよう。本来連続的な空間を、グリッドに分割することで離散的な表現に落とす。

　Δ はラプラシアンと呼ばれる 2 階微分演算子で、2 次元なら以下で定義される。

$$\Delta \equiv \frac{\partial^2}{\partial x^2} + \frac{\partial^2}{\partial y^2}$$

　いまは 2 次元空間を考えているが、まずは 1 次元の世界 $f(x)$ を考える。微分方程式に 2 階微分が含まれているので、2 階微分を近似したい。そのために、$f(x+h)$ と $f(x-h)$ をそれぞれ 2 次までテイラー展開してみよう。

$$f(x+h) = f(x) + f'(x)h + \frac{h^2}{2}f''(x) + O(h^3)$$

$$f(x-h) = f(x) - f'(x)h + \frac{h^2}{2}f''(x) + O(h^3)$$

　両辺を足すと $f'(x)$ の項が消えるので、整理して、

$$f''(x) = \frac{f(x+h) - 2f(x) + f(x-h)}{h^2}$$

を得る。全く同様にして、2 変数関数の 2 階微分（ラプラシアン）は、以下のように表現できる。

$$\Delta f(x,y) \sim \frac{f(x+h,y) + f(x-h,y) + f(x,y+h) + f(x,y-h) - 4f(x,y)}{h^2}$$

　簡単のため、$h=1$ としよう。空間の離散化により $f(m,n)$ の値を 2 次元配列 s[m][n] で表現する。すると、位置 (m,n) におけるラプラシアンは、この配列 s を用いて、

```
s[m+1][n] + s[m-1][n] + s[m][n+1] + s[m][n-1] - 4 * s[m][n]
```

と表現できる。これは、前後左右のセルの値の合計から、自分の値の 4 倍を引いたものであり、自分が「まわりの平均」よりも大きい時に負、小さい時に正となる。このように、ラプラシアンは「なるべくまわりに合わせよう、全体を平均化しよう」という働きをする（図 13.6）。

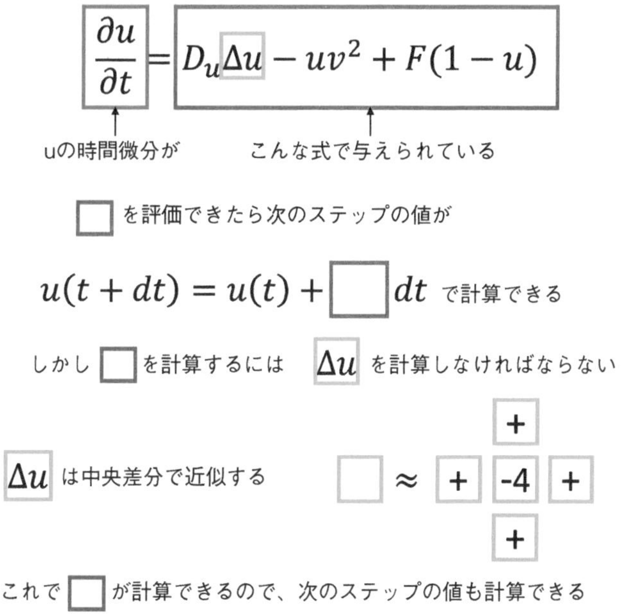

$$\frac{\partial u}{\partial t} = \boxed{D_u \Delta u - uv^2 + F(1 - u)}$$

uの時間微分が   こんな式で与えられている

☐ を評価できたら次のステップの値が

$$u(t + dt) = u(t) + \boxed{} dt \quad \text{で計算できる}$$

しかし ☐ を計算するには Δu を計算しなければならない

Δu は中央差分で近似する

$$\boxed{} \approx \boxed{+}\ \boxed{-4}\ \boxed{+}$$

これで ☐ が計算できるので、次のステップの値も計算できる

図 13.6　差分計算の流れ

　もともとの式のうち、時間微分は1次の差分を取ることで計算する。その時間発展にはラプラシアンという空間微分が含まれているが、それについては中央差分で近似した。これで数値計算に必要な式が全て揃った。

13.5　[課題] 数値シミュレーション

13.5.1　課題1　運動方程式

　まずは物を投げた場合の運動を、運動方程式を解くことで数値的に追ってみよう。新しいPython3ノートブックを開き、`ballistic.ipynb` という名前で保存せよ。

1. ライブラリのインポート

　最初のセルで、必要なライブラリのインポートをしよう。

```
import matplotlib.pyplot as plt
from math import pi, cos, sin
from pylab import rcParams
```

2. プロットサイズの変更

　デフォルトサイズでは、ややグラフが小さいので、少しサイズを大きくしておこう。

第13章

215

```
rcParams['figure.figsize'] = 10, 5
```

3. 運動方程式の数値解法

時間方向について差分化した運動方程式を数値的に解くルーチン、throw を実装しよう。

```
def throw(theta, y0):
    rx, ry = 0.0, y0
    vx, vy = cos(theta), sin(theta)
    ax, ay = [], []
    g = 1.0
    h = 0.001
    while ry >= 0.0:
        rx += vx * h
        ry += vy * h
        vy -= g * h
        ax.append(rx)
        ay.append(ry)
    return ax, ay
```

ここで、theta は投げる角度 (仰角)、y0 は最初に立っている「台」の高さである。

4. プロット

投げる角度と台の高さを受け取って、軌道をグラフにする関数 plot を実装しよう。比較のため、複数の角度をリストで受け取り、それぞれの角度で投げた場合の軌道を重ねて表示している。

```
def plot(angles, y0=0.0):
    for theta in angles:
        nx, ny = throw(theta / 180.0 * pi, y0)
        plt.plot(nx, ny, label=theta)
    plt.legend()
    plt.show()
```

5. 地面から投げた場合

まず、地面から投げた場合 (y0=0 の場合) を見てみよう。40 度、45 度、50 度で投げてみた軌道を重ねて表示する。

```
angles = [40, 45, 50]
plot(angles)
```

予想通り、45 度がもっとも遠くに届いているだろうか?

6. 台の上から投げた場合

次に、台の上から投げてみよう。最初に高さ 1 の台に乗ってものを投げた場合にどうなるか調べ

てみる。遠くに届く角度が45度から増えるか減るか、予想してから実行すること。

```
angles = [40, 45, 50]
plot(angles, 1.0)
```

実際に一番遠くに届く角度は45度から増えただろうか、減っただろうか。入力する角度を5度刻みで変化させ、最も遠くに届く角度を調べよ。

13.5.2 発展課題　初速依存性

先ほどの運動方程式では、初速を1に固定していた。関数throwの初速を与える箇所を、以下のように変更すると、初速を2に変えることができる。

```
vx, vy = 2.0*cos(theta), 2.0*sin(theta)
```

初速を大きくした場合、「台から投げた時」の「最も遠くに届く角度」は増えるだろうか、減るだろうか？　初速を10にしたらどうなるだろう？　初速が大きい極限でどうなるか考察せよ。

13.5.3 課題2　反応拡散方程式

反応拡散方程式を数値的に解いてみよう。新しいノートブックを開き、gs.ipynb という名前で保存せよ。

1. ライブラリのインポート

最初のセルで、必要なライブラリのインポートをしよう。

```
import matplotlib.pyplot as plt
import numpy as np
from numba import jit
from matplotlib import animation, rc
```

2. ラプラシアンの実装

2次元配列 s[m][n] の、位置 (m, n) におけるラプラシアンは、

```
s[m+1][n] + s[m-1][n] + s[m][n+1] + s[m][n-1] - 4 * s[m][n]
```

と表現できる。これを用いて、2次元配列 s と位置 m,n を受け取って、その位置でのラプラシアンの値を返す関数 laplacian を実装したい。以下はそれを途中まで実装したものだ。

```
@jit
def laplacian(m, n, s):
    ts = 0.0
    ts += s[m+1][n]
```

```
    ts += s[m-1][n]
    ts += s[m][n+1]
    ts += s[m][n-1]
    # ここを埋めよ
    return ts
```

上記がラプラシアンの値となるように、未完成の部分を完成させよ。

なお、関数定義の前に @jit とあるのは、「この関数を JIT コンパイルせよ」という指示（デコレータ）である。JIT は Just in Time の略で、実行時にコードをコンパイルすることでコードの実行を加速する。ここでは JIT、デコレータともに詳細には触れない。

3. ラプラシアンのテスト

laplacian を実装したらテストしてみよう。以下は全て 3 つ目のセルで実行せよ。

まず、laplacian に食わせるテスト用の NumPy2 次元配列を作成する。

```
a = np.arange(9).reshape(3,3)
a
```

実行すると以下のような表示になるはずである。

```
array([[0, 1, 2],
       [3, 4, 5],
       [6, 7, 8]])
```

さて、中央に着目しよう。中央の値は 4 であり、1,3,5,7 に囲まれている。周りの 4 つの数字の平均は 4 であり、中央の値と一致するため、この地点でのラプラシアンの値は 0 になるはずである。確認してみよう。3 つ目のセルを以下のように書き換えよ。

```
a = np.arange(9).reshape(3,3)
laplacian(1,1,a)
```

これは、a という配列の (1,1) 地点におけるラプラシアンの中央差分の値を求めよ、という意味である。実行結果として 0.0 が返ってくれば正しい。

これだけではテストとして不安なので、値を少しずらしてみよう。3 つ目のテスト用セルを以下のように修正して実行せよ。

```
a = np.arange(9).reshape(3,3)
a[0,1] = 0
a
```

まず、入力するリストが以下のような形になる。

```
[[0 0 2]
 [3 4 5]
 [6 7 8]]
```

4の上が1であったのが0になった。したがって、中央は平均よりも高い値になっているから、ラプラシアンは負になるはずである。実際に計算してみよう。

```
a = np.arange(9).reshape(3,3)
a[0,1] = 0
laplacian(1,1,a)
```

上記の実行結果が -1.0 になれば正しく計算されている。

4. 時間発展

2つの配列を受け取り、1ステップだけ時間を進める関数 calc を実装しよう。以下を4つ目のセルに入力せよ。

```
@jit
def calc(u, v, u2, v2):
    (L, _) = u.shape
    dt = 0.2
    F = 0.04
    k = 0.06075
    Du = 0.1
    Dv = 0.05
    lu = np.zeros((L, L))
    lv = np.zeros((L, L))
    for ix in range(1, L-1):
        for iy in range(1, L-1):
            lu[ix, iy] = Du * laplacian(ix, iy, u)
            lv[ix, iy] = Dv * laplacian(ix, iy, v)
    cu = -v*v*u + F*(1.0 - u)
    cv = v*v*u - (F+k)*v
    u2[:] = u + (lu+cu) * dt
    v2[:] = v + (lv+cv) * dt
```

最初の @jit デコレータを忘れないこと。

5. シミュレーションループ

1ステップ時間を進める関数が書けたら、それを何度も呼び出すことで時間発展をさせよう。また、初期条件として模様の「種」を作る。5つ目のセルに以下を入力せよ。

```
@jit
def simulation(L, loop):
```

```
    u = np.zeros((L, L))
    u2 = np.zeros((L, L))
    v = np.zeros((L, L))
    v2 = np.zeros((L, L))
    h = L//2
    u[h-6:h+6, h-6:h+6] = 0.9
    v[h-3:h+3, h-3:h+3] = 0.7
    r = []
    for i in range(loop):
        calc(u, v, u2, v2)
        u, u2, v, v2 = u2, u, v2, v
        if i % 100 == 0:
            r.append(v.copy())
    return r
```

これも、最初の行の @jit を忘れないこと。

6. シミュレーションの実行

```
imgs = simulation(64, 10000)
n = len(imgs)
for i in range(4):
    im = plt.imshow(imgs[n // 4 * i])
    plt.show()
```

ここまで正しく入力されていれば、不思議な模様が4枚現れたはずである。

7. アニメーション

せっかくシミュレーションしたので、アニメーションを表示させよう。そのための準備をする。

```
fig = plt.figure()
im = plt.imshow(imgs[-1])
def update(i):
    im.set_array(imgs[i])
```

実行後、不思議な模様が出力されるはずである。

8. アニメーションの表示

ではアニメーションを表示してみよう。以下を実行せよ（少し時間がかかる）。画像の下に操作パネルが出たら、再生ボタン（右向きの三角）を押してみよう。アニメーションが表示されたら成功である。

```
rc('animation', html='jshtml')
animation.FuncAnimation(fig, update, interval=50, frames=len(imgs))
```

パーソナルスーパーコンピュータ

　パソコンとは「パーソナルコンピュータ」の略、つまり「個人向け計算機」という意味だ。もともと計算機は貴重品かつ大型であり、組織に一つしかないものだった。それが徐々に小型化し、オフィスに一つ（オフコン）になり、さらに個人で独占して利用できるものになった。パソコンが普及するにつれて、もともと「組織に一つ」しかないような巨大な計算機は「スーパーコンピュータ（スパコン）」と呼ばれ、パソコンと区別されるようになった。スパコンは、安くて１億、高ければ数十、数百億円といったその価格もさることながら、その維持も大変である。計算するのには莫大な電気が必要で、かつ使った電気は全て熱となるからそれを冷却するシステムも必要である。したがって、本来「パソコン」と「スパコン」は相容れない概念のはずだが、スパコンを個人で所有することでその２つを悪魔合体させ、「パーソナルスーパーコンピュータ」という狂った概念を生み出した人がいる。桑原邦郎氏である。彼は流体力学を専門とする研究者で、親から受け継いだ莫大な財産を全てスパコンに突っ込んだ。東京大学工学部物理工学科の助手、宇宙科学研究所の助教授を経て、自宅に計算流体力学研究所という研究所を作り、そこにスパコンを購入して運用した。最盛期は７台のスパコンがフル稼働し、電気代だけで月に2000万円かかったという。1980年代後半から1990年代にかけて、計算流体力学を専門とする人はほとんど彼のパーソナルスパコンにお世話になったと思われる。自動車メーカも技術者を派遣していたそうだ。また、米国の諜報機関が「軍事目的に使っているのではないか」と疑ったとのエピソードもある。彼は親から受け継いだ莫大な遺産を全てスパコンに突っ込み、それを惜しげもなくいろんな人に使わせた。

　それから紆余曲折あって、計算流体力学研究所はスパコンを手放し、技術コンサルやパソコンの組み立て、販売をする会社となった。筆者が大学院に進学した際に与えられたパソコンは、この計算流体力学研究所で購入したAlpha21164のマシンであった。指導教員の「せっかくだから組み立てさせてもらったら？」の言葉に甘え、目黒に行ってアルバイトのお兄さんと一緒に自分の研究に使うマシンを組み立てた。そこに社長である桑原氏が様子を見にやってきた。筆者が物工の学生と知ると、興味をもっていろいろ聞いてきた。筆者はまさか目の前の社長さんが元物工の助手だったなんて知らなかったので「物工のご出身なんですか？　どこの研究室ですか？」と的外れな質問をした。彼はただ笑って何も答えなかったのを思い出す。その時は青二才で何もわからなかった筆者だが、スパコンを使って研究をするようになったいまなら、彼からいろいろ興味深い話が聞けたのではないかと残念に思う。桑原氏は2008年、その豪快な生涯を閉じた。「親の遺産をもっとも有効に学術に活かした」と評されている。

第13章

簡単な機械学習

本章で学ぶこと
- ☑ 機械学習の概要
- ☑ 回帰
- ☑ DCGAN

14.1　機械学習の概要

昨今、「機械学習」「ディープラーニング」「AI」といった言葉をよく聞く。TensorFlow や PyTorch など、広く使われている機械学習のフレームワークの多くが Python で記述されていることもあり、機械学習をする上で Python が事実上の共通語になりつつある。機械学習による派手な結果を目にすることも多いだろう。せっかく本書で Python を学んだのであるから、最後は機械学習を体験してみよう。今回は、ざっと機械学習の概要について触れてから、機械学習で注目されている技術の一つ、GAN による画像生成を体験してみる。

14.1.1　機械学習の種類

一口に「機械学習」と言っても、機械学習がカバーする範囲は広い。現在も様々な技術が提案されているため、その全てを厳密に分類するのは難しいが、よく言われるのは以下の 3 種類の分類である。

1. 教師あり学習
2. 教師なし学習
3. 強化学習

教師あり学習（supervised learning）とは、「問題と解答のセット」を与えて、それで学習させる方法である。例えば、予め大量の写真を用意し、それぞれに「ネコ」や「イヌ」といったラベルをつけておく。それを学習させることで、「学習に用いたデータセットに含まれていない、初めて見る写真」に対しても正しく「ネコ」や「イヌ」と判定できるようにさせるのが典型的な教師あり学習である。

教師なし学習（unsupervised learning）とは、データだけを与えて、データを分類したり、似ているものを探したりさせる方法である。例えば物品の売上データを解析し、「ある商品 A を購入した

人は、次は商品 B を購入する可能性が高い」といった関係を見つければ、商品 A を購入した人に「B はいかがでしょうか？」と勧めることができ、売上向上につながる。オンラインショップなどでよく見る「この商品を買った人はこんな商品も買っています」というアレである。

強化学習（reinforcement learning）とは、何かエージェントに行動をさせて、その結果として報酬を与えることで、「うまく」行動できるように学習させていく手法である。典型的な応用例はチェスや囲碁、将棋などのボードゲームの AI であろう。ある局面において、多数ある合法手の中から「次の一手」を選ばなければならない。この時、とりあえず（現在の知識で）適当に指してみて、勝負が決まってから振り返り、「最終的に勝利につながった手」に正の報酬を、「敗北につながった手」に負の報酬を与えることで、それぞれの局面において「これは良い手だった」「これは悪手だった」と学習していく。

これらはどれも面白く、それぞれ奥が深いのだが、本章では教師あり学習を学ぶことにしよう。「教師あり学習」が扱う問題は、さらに「分類」と「回帰」にわけることができる。分類とは、入力に対して有限のラベルのどれかを当てる問題である。例えば「ネコ」「イヌ」「ゾウ」「パンダ」のどれかが写っている写真を見せられ、何が写っているかを答えるのが典型的な分類問題である。特に、ラベルが「Yes」か「No」の 2 種類である時、これを二値分類（**binary classification**）と呼ぶ。回帰問題とは、入力に対して何か連続な値を返す問題である。例えば家の広さ、築年数、駅からの距離や周りの条件等から家賃を推定するのが典型的な回帰問題である。

14.1.2 学習と最適化

機械学習では、よく「学習」という言葉が出てくる。学習とは、ある量を最適化することだ。その最適化の簡単な例として、線形回帰を見てみよう。

回帰とは、何かしらの入力 x に対して、出力 y が得られる時、その間の関係 $y = f(x)$ を推定する問題である。例えば片方を固定されたバネに荷重をかけ、どのくらい伸びるかを調べる実験を考える。この場合の入力 x は荷重、出力 y はバネの伸びである。とりあえずいくつか重りを乗せてみて、荷重と伸びの観測値をグラフにプロットしてみたら図 14.1 のようになったとしよう。

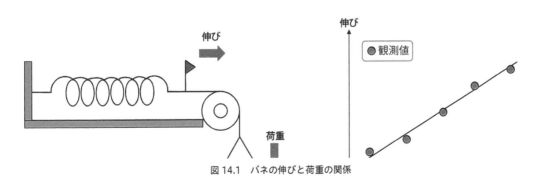

図 14.1　バネの伸びと荷重の関係

　ここから、バネ定数を推定するには最小二乗法を使えば良いことは知っているであろうが、簡単におさらいしておこう。いま、N 回異なる荷重をかける実験を行い、荷重とバネの伸びの観測値の組 (x_i, y_i) が得られたとする。さて、フックの法則から $y = ax$ が予想される。x_i の荷重がかかった時、このモデルによる予想値は ax_i だが、観測値は y_i だ。そのズレ $y_i - ax_i$ を残差と呼ぶ。この残差の 2 乗和は a の関数であり、以下のように表すことができる。

$$C(a) = \sum_i^N (ax_i - y_i)^2$$

　$C(a)$ はモデルと観測値の誤差を表している。a が大きすぎても小さすぎても $C(a)$ は大きくなるので、どこかに最適な a があるだろう。$C(a)$ を最小化するような a の値は、$C(a)$ を a で微分してゼロになるような点であるはずだ。微分してみよう。

$$\frac{dC}{da} = \sum_i^N (2ax_i^2 - 2ax_i y_i) = 0$$

　これを a について解けば、

$$a = \frac{\sum_i^N x_i y_i}{\sum_i^N x_i^2}$$

を得る。

　さて、実はこれは最も単純な機械学習の例となっている。我々は、$y = ax$ というモデルを仮定し、N 個の観測値の組 (x_i, y_i) を使ってモデルパラメタ a を決定した。このパラメタを決定するプロセスを「学習」と呼ぶ。「学習」では、$C(a)$ を最小化するようにモデルのパラメタ a を決定した。この最小化する関数を**目的関数 (cost function)** と呼ぶ。目的関数を最小化するために使われた観測データを「トレーニングデータ」と呼ぶ。トレーニングデータに対する誤差を**訓練誤差 (training error)** と呼ぶ。

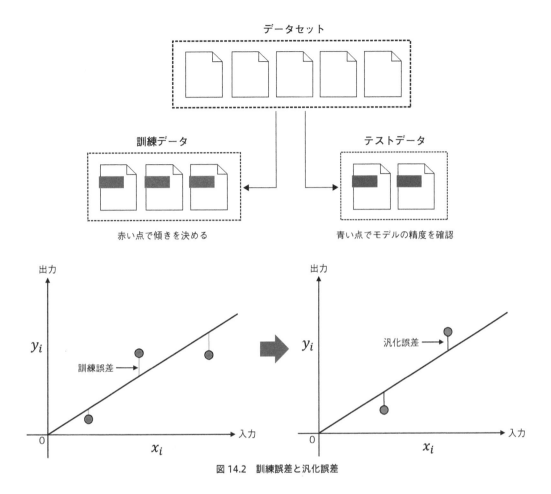

図 14.2　訓練誤差と汎化誤差

　さて、我々の目的はあくまで「バネの伸び」という物理現象を記述することであって、「観測データを再現するモデルの構築」は、その手段に過ぎなかった。したがって、こうして得られた $y = ax$ というモデルは、未知の入力 x に対して、良い予想値 y を与えなくてはならない。トレーニングデータに含まれない入力 x に対して、我々が構築したモデルがどれくらい良いかを調べることを**テスト（test）**と呼ぶ。

　具体的には、モデルを決める時に使ったトレーニングデータとは別のデータセットを用意しておき、そのデータについてモデルがどれくらいよく予想できるかを確認する、ということがよく行われる。このような目的に使われるデータを「テストデータ」と呼び、テストデータに対する誤差を**汎化誤差（generalization error）**と呼ぶ（図 14.2）。

　訓練誤差は小さいのに、汎化誤差が大きい場合、トレーニングデータに最適化され過ぎており、応用が効かない「頭でっかち」なモデルになっていることを示唆する。これを**過学習（overfitting）**と呼ぶ（図 14.3）。データの数に比べてモデルパラメタが多い時によく起きる。

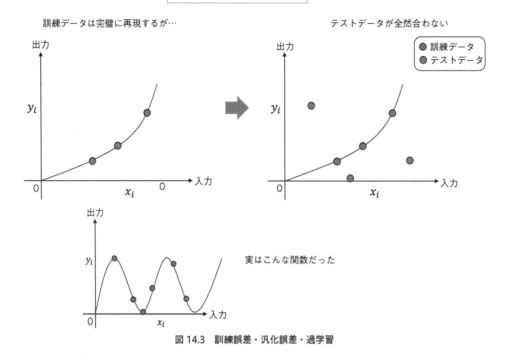

図 14.3　訓練誤差・汎化誤差・過学習

　本章で用いる TensorFlow をはじめとして、機械学習は高度に完成されたライブラリやフレームワークが多数存在する。その内部で用いられている理論やアルゴリズムは難しいものが多く、それらのフレームワークを「ブラックボックス」として用いるのはある程度やむを得ないところもある。しかし、機械学習に限らないことだが、基本的な概念、用語については、簡単な例でしっかり理解しておいた方が良い。「機械学習は最小二乗法のお化けのようなものだ」というと語弊があるのだが、学習、目的関数、訓練誤差、汎化誤差、過学習といった機械学習で頻出する単語のイメージを、中身がよくわかる単純な例、例えば線形モデルの最小二乗法で理解しておく、ということは非常に重要なことである。

　機械学習に限らないことだが、「何かよくわからない概念が出てきたら、簡単な例で考えてみる」癖をつけておきたい。

14.2　重回帰分析

　回帰とは、何か入力から出力を予想することである。入力となる変数を説明変数、予想したい出力を目的変数と呼ぶ。例えば、ある人の「賃金」を予想したいとしよう。日本は（まだ）年功序列を採用している会社が多いため、年齢が増えるほど賃金が増えると期待される。そこで、年齢を説明変数、賃金を目的変数に取ってみよう。予想の仕方だが、もっとも簡単には、年齢を x、賃金を y として、

$$y = ax + b$$

　と線形の関係を仮定したくなる。このような形による回帰を線形回帰と呼び、説明変数が一つしかない場合を特に単回帰分析と呼ぶ。しかし、賃金を決める要因は他にもある。例えば学歴や、企業規模も関係するであろう。そこで、年齢だけでなく、学歴や企業規模も含めて賃金を予想したい。このように、複数の説明変数から目的変数を予想することを重回帰分析と呼ぶ。説明変数が $x_1, x_2, \cdots$ とある時、重回帰分析では目的変数は説明変数を使って、

$$y = a_1 x_1 + a_2 x_2 + \cdots + b$$

と予想される。

　さて、年齢のような変数ならこれで良いが、学歴を説明変数にするにはどうすれば良いだろうか？先のように式に落とすためには、なんらかの方法で学歴を数値化しなければならない。この時、ラベルごとに「ダミー変数」と呼ばれる変数を使うことがよく行われる。ダミー変数とは、ある条件を満たしている時に 1、そうでない時に 0 となるような変数である。

　例えば、大学卒であるかないかが賃金に与える影響を重回帰分析したいとしよう。この時、年齢を x、大学卒であるかどうかのダミー変数を z として、賃金 y を、

$$y = ax + cz + b$$

と予想する。z は大卒である時に 1、そうでない時に 0 となる。すなわち、係数 c は「大卒」である時に期待される賃金の増加分と解釈できる。ラベルが複数ある時、例えば学歴を「中卒」「高卒」「大卒」に区別したい時には、ダミー変数を z_1, z_2, z_3 と 3 つ用意し、中卒の時には $z_1 = 1, z_2 = 0, z_3 = 0$、高卒の時には $z_1 = 0, z_2 = 1, z_3 = 0$ などとすることで学歴を変数として表現することができる。課題では、学歴に加えて企業規模が賃金に与える影響も重回帰分析で調べてみよう。

14.3　GANとは

　通常よく使われる機械学習、例えば「植物の写真を見せて名前を答えるモデル」や「人間の写真を見せて年齢を推定するモデル」などでは、モデルは入力となるデータに対して何かしら「答え」を返すことが目的である。しかし、そういう分類や回帰ができるようになってくると、もっと難しい作業、例えば「有名な画家の絵を多数模写させることで、その画家のタッチでオリジナルの絵が書けるモデル」や、「テーマを伝えただけで映画やドラマの脚本を書けるモデル」などをやらせてみたくなるのが人情である。ここではそんな例として、GAN を取り上げる（課題 2）。**GAN（generative adversarial networks）** とは、直訳すると **敵対的生成ネットワーク** であり、2 つのモデルを競わせることで画像を生成する手法である。

　GAN では、Generator と Discriminator の 2 つのモデルを用意する。これらはよく「偽造者」「鑑

227

定者」にたとえられる。まず、本物のデータセット（例えば有名な画家の絵）を用意する。その後、ランダムに「本物のデータ」と「偽造者」が生成した「偽物のデータ」を「鑑定士」に見せ、それを本物か、偽物か判定させる。鑑定者から見れば、これは二値分類問題になっている。ラベルは「本物」か「偽物」である。鑑定者は大量に見せられるデータをどんどん鑑定することで「鑑定士」としての観察眼を磨いていく。

　逆に、偽造者は、自分が提出したデータが「偽物」と見破られたら失敗、「本物」と鑑定されたら成功であり、そのフィードバックを受けながら「偽造者」としての腕を磨いていく（図 14.4）。

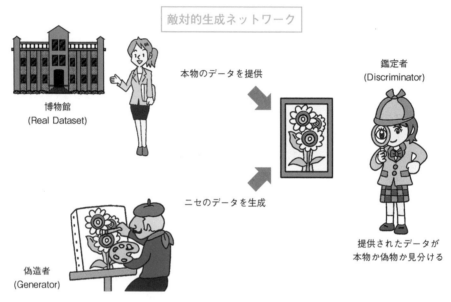

図 14.4　GAN の概念図

　こうして「偽造者」と「鑑定者」がお互いに切磋琢磨しながら学習していくと、最終的に「本物と見紛うばかりのデータを生成できる偽造者が誕生するだろう」というのが GAN の要諦である。今回の課題では、適当なデータセットを用意し、偽造者と鑑定者を学習させることで、最終的に偽造者が用意したデータセットを真似た絵を生成できるようになるプロセスを観察しよう。

 14.4 簡単な機械学習

14.4.1　課題 1　重回帰分析

　年齢や学歴が給与に与える影響を重回帰分析で調べて見よう。なお、データは厚生労働省の平成30 年賃金構造基本統計調査[1] による。

---

1)　https://www.mhlw.go.jp/toukei/itiran/roudou/chingin/kouzou/z2018/index.html

新しいノートブックを開き salary.ipynb として保存せよ。

1. ライブラリのインポート

最初にライブラリのインポートをしておこう。Pandas はデータ解析を支援するためのライブラリだ。

```
import matplotlib.pyplot as plt
import pandas as pd
from sklearn.linear_model import LinearRegression
```

2. 給与データのダウンロード

次に、給与データ (CSV ファイル) をダウンロードしよう。

```
!wget https://kaityo256.github.io/python_zero/ml/salary.csv
```

3. データの読み込み

CSV ファイルを Pandas で読み込んでみよう。

```
df = pd.read_csv("salary.csv")
df
```

age や education、company_size、salary といったデータが読み込まれたはずだ。これらはそれぞれ年齢、学歴、企業規模、給与 (千円) である。学歴と企業規模のラベルはそれぞれ以下の通り。

- 学歴 (education)
  - middle: 中卒
  - high: 高卒
  - tech: 高専・短大卒
  - university: 大学・大学院卒
- 企業規模 (company_size)
  - small: 小企業 (従業員数 10 ～ 99 人)
  - medium: 中企業 (従業員数 100 ～ 999 人)
  - large: 大企業 (従業員数 1000 人以上)

4. 大企業のみのデータ

後でプロットするため、大企業のみのデータを抽出しよう。

```
large = df[df['company_size'] == 'large']
large
```

company_size が large のデータのみが抽出されたはずだ。

5. データのピボット

学歴別の収入を見るため、年齢を行、学歴を列とした 2 次元のデータに整形しよう。

```
large = large.pivot(index='age', columns='education', values='salary')
large
```

それぞれの年齢に対して、学歴別に収入が並んだデータになったはずである。

6. データのプロット

大企業に務める人の収入を学歴別にプロットしてみよう。

```
large.plot()
```

年齢を横軸とし、学歴別に賃金 (月収、単位千円) がプロットされたはずだ。

7. 回帰用データの作成

　先ほどのデータを見ると、55 歳を超えると賃金が下がるのがわかる。これでは線形近似がしづらいので、55 歳以下のデータに限定してフィッティングすることにしよう。

```
df = df[df['age'] < 55]
inputs = df.drop('salary', axis=1)
inputs
```

年齢が 55 歳以下のデータのみを抽出した後、説明変数として salary 以外のデータを input として取得している。年齢 (age)、最終学歴 (education)、企業規模 (company_size) が並んだはずだ。これらから給与 (salary) を推定するのが今回の目的である。

8. ダミー変数の作成

　現在、企業規模が small、medium、large と「ラベル」になっている。これを「数値」にしないとフィッティングができない。そこで、これらのラベルをダミー変数に変換しよう。Pandas は get_dummies という命令一発でダミー変数に変換することができる。

```
inputs = pd.get_dummies(inputs)
inputs
```

学歴を表すために、education_middle や education_high といったダミー変数が導入された。

例えば最終学歴（education）が高卒（high）だった場合は education_high=1、大学・大学院卒なら education_university=1（それ以外の education 由来のダミー変数はゼロ）といった具合である。

9. 重回帰分析

ではこのデータを重回帰分析してみよう。といっても、scikit-learn の線形回帰の fit 関数を呼ぶだけだ。

```
lr = LinearRegression()
lr.fit(inputs.values,df['salary'])
```

10. 係数の表示

決定された回帰係数を表示してみよう。以下を実行せよ。

```
labels = inputs.columns
pd.DataFrame({"Name":labels, "Coefficients": lr.coef_})
```

それぞれのラベル（例えば education_high）に対して、係数（Coefficents）が表示されたはずだ。このうち、年齢（age）は「年齢が１つ増える毎に、どれだけ賃金が増えるか（単位：千円）」を表している。ダミー変数は、例えば「高卒である」ならば、education_high に対応する賃金が増加（マイナスなら減少）することを表している。

このデータを見て、中卒と大卒で賃金がどれだけ変わるか計算せよ。大企業と小企業ではどうか？

11. フィッティング結果のプロット

せっかく回帰分析により「年齢」「学歴」「企業規模」から賃金が予想できるようになったはずなので、予想結果を実際のデータに重ねてプロットしてみよう。以下を実行せよ。

```
dic = dict(zip(labels, lr.coef_))
X = [i for i in range(22,55)]
a = dic["age"]
e1 = dic["education_university"]
e2 = dic["education_middle"]
s = dic["company_size_large"]
c = lr.intercept_
Y1 = [x * a + e1 + s + c for x in X]
Y2 = [x * a + e2 + s + c for x in X]
ax = large.plot()
ax.plot(X,Y1, marker='o')
ax.plot(X,Y2, marker='*')
```

正しく実行されていれば、大企業に務める人の賃金のグラフに、回帰による予測値（中卒と大学・

大学院卒）が重ねてプロットされたはずである。どのくらい正確に予想できているだろうか？　もし実際のデータとずれているなら、その原因は何か考察せよ。

14.4.2　課題 2　GAN

機械学習の手法の一つ、敵対的生成ネットワーク、GAN（Generative Adversarial Networks）を体験してみよう。これは、偽造者（Generator）と鑑定者（Discriminator）がお互いに切磋琢磨させることで、偽造者に本物そっくりの画像を生成させるようにする手法である。ここでは、DCGAN（Deep Convolutional Generative Adversarial Network）と呼ばれる手法を用いる。

新しいノートブックを開き dcgan.ipynb として保存せよ。また、今回の計算はかなり重いため、CPU だけでは時間がかかりすぎてしまう。そこで、GPU を使って計算することにしよう。メニューの「ランタイム」から「ランタイムのタイプを変更」をクリックせよ。ハードウェアアクセラレータが「None」になっているので、そこを「GPU」に変更して「保存」をクリックする。この時「このノートブックを保存する際にコードセルの出力を除外する」にはチェックを入れなくて良い。その後、右上にある「接続」をクリックする。その際、「あなたはロボットですか？」と、人間であるか確認するダイアログが出る場合がある。その時には「わたしはロボットではありません」をクリックする。

1. サンプルプログラムのダウンロード

GAN のプログラムは、簡単なものでもそれなりに長いコードを記述する必要がある。今回は既に入力されたプログラムをダウンロードしよう。以下を実行せよ。

```
!wget https://kaityo256.github.io/python_zero/ml/dcgan.py
```

2. インポート

先ほどダウンロードしたプログラムをインポートしよう。

```
import dcgan
```

3. データのダウンロード

GAN では、まず「正解の画像」をデータセットとして与える必要がある。偽造者は、その画像に似せて絵を描いていく。逆に、与えるデータによって「好きな画家」を模写できるように学習させることができる。今回は、2 つのデータセットを用意した。

- `mnist.npy` 手書きの数字（MNIST）
- `hiragana.npy`「あ」から「こ」までの、ひらがな 10 種。

上記のうち、好きなものを 1 つ選んで `TRAIN_DATA` とし、ダウンロードすること。数字は学習が容易だが、ひらがなは難しい。

以下は手書きの数字 (MNIST) を選んだ場合の例である。

```
data = "mnist.npy"
url="https://kaityo256.github.io/python_zero/ml/"
file=url+data
!wget $file
```

4. 学習

ではいよいよ GAN の実行をしてみよう。以下を実行せよ。

```
dcgan.run(data)
```

　画面には、一定時間ごとに偽造者が作成した画像が表示されていく。最初は完全なノイズにしか見えなかった画像が、学習が進むにつれて偽造者が「腕を上げていく」様子が見えるであろう。実行には 10 分〜 15 分程度かかる。

5. APNG のインストール

　偽造者が徐々に腕を上げていく様子を見るため、学習を進めながら描いた絵をアニメーションにしてみよう。まずはアニメーション PNG を作るためのライブラリをインストールする。

```
!pip install apng
```

6. ライブラリのインポート

　先ほどインストールしたライブラリをインポートしよう。また、表示に使うライブラリも併せてインポートしておく。

```
import IPython
from apng import APNG
```

7. アニメーションの作成

　作成された画像を一つにまとめて、アニメーション PNG を作成しよう。

```
files = []
for i in range(100):
    filename = f"img{i+1:04d}.png"
    files.append(filename)

APNG.from_files(files, delay=50).save("animation.png")
```

8. アニメーションの表示

　作成されたアニメーションを表示してみよう。

```
IPython.display.Image("animation.png")
```

アニメーションが表示されれば成功である。この学習の様子を見て、偽造者はどのように学習を進めているか考察してみよ。また、GAN 等の技術が今後どのように活かされるか、予想してみよ。

AI に悪意はあるか

AI に意識があるか、という問題は難しい。個人的には「AI はそのうち意識を持つ」と信じているが、現時点では「まだソフトウェアなんだな」と思う時と「人間と同じ問題を抱えているのでは」と思う時の両方がある。

「あ、AI はただのソフトウェアなんだな」と思う例の一つは画像認識である。「犬」「猫」「羊」などのラベルがついた画像を事前に学習させておくことで、写真に何が写っているかを認識する AI を作るものだ。一見するとこの AI は写真に写るものを正しく認識しているように見えるが、何もいない草原に「羊がいる」と判断してしまう。「羊」のラベルがついた画像のほとんどが草原であったため、「草原＝羊」と認識してしまったのだ。同様な例に「ハスキーと狼問題」がある。シベリアン・ハスキーは狼に似た犬種であるが、そのハスキーと狼を見分ける AI を作ったところ、実は犬ではなく「背景に雪があるかどうか」で判断していることがあった。

多くの場合、こうした画像認識の失敗は笑い話で済むが、差別問題がからむとやっかいなことになる。2015 年、Google は、写真管理アプリ Google Photos をリリースしたが、そのアプリには写真に写っているものを認識し、ラベル付けする機能があった。しかし、黒人女性が写る写真に「ゴリラ」とタグ付けしてしまい、Google が謝罪する事態となった。これについては「差別的な人間が黒人に『ゴリラ』という差別的なタグをつけていたものを学習したせいだ」という噂も流れたが、どうやら純粋に「白人以外」のデータが足りずに、素で間違ったようだ。他にも、やはり黒人女性を「猿（Apes）」と認識してしまうことがわかった。結局 Google は根本解決ができず、「ゴリラ、猿、チンパンジー」といったラベルを禁止ワードにすることで対処することになった。

Google 翻訳がジェンダーバイアスを持つことも知られている。例えば本書執筆時点（2019 年 12 月 4 日現在）では、「医者は旅行先でカバンを忘れてきた。」は「The doctor has forgotten **his** bag at the travel destination.」と訳すが、「看護師は旅行先で……」とすると「The nurse has forgotten **her** bag when traveling.」と訳す。Google 翻訳は多くの翻訳例を通じて学習したモデルを用いているが、そのデータ上で「Doctor」が「his」と、「Nurse」が「her」と一緒に用いられていることが多かったのだと思われる。

Google Photos の問題は「学習データに白人が多く黒人が少なかったため」に起きたことであり、Google 翻訳の問題は学習用データを通じて「医者は男性が多く、看護師は女性が多い」という「偏見」も一緒に学習してしまったために起きたことだ。現時点では「AI」に罪はなく、「AI の学習過程で人間持つの差別や偏見が注入された」と認識されているが、そもそも学習で偏った情報に触れて偏見を身につけてしまうという過程は人間と全く同じである。既に自らの過ちを AI のせいにしている人も出現しており、そのうち AI が高度に発展した場合、我々は AI そのものに悪意や偏見を感じるようになるのかもしれない。

https://www.ben-evans.com/benedictevans/2019/4/15/notes-on-ai-bias

付録　Python のインストール

本書では、原則として Google Colab を用いてオンライン上で Python を学ぶ。したがってローカルに Python をインストールする必要はないが、後で必要になることもあるだろう。そこで、手元の PC に Python をインストールする方法と、その実行方法について簡単に紹介しておく。また、Python を使う上で重要な、パッケージについても簡単に触れる。

1　Python のライブラリについて

Python のインストールそのものは難しくない。公式サイトからダウンロードしてインストールするだけである。問題なのはパッケージ管理である。Python には最初からよくつかうライブラリが同封されており、標準ライブラリと呼ばれている。しかし、Python には標準ライブラリに含まれないライブラリ（サードパーティ製のライブラリと呼ばれる）が大量にある。そして、多くの場合、そのサードパーティのライブラリが使いたくなるであろう。そのようなライブラリがウェブに分散していてはインストールが大変なので、一箇所で管理するリポジトリがある。それが Python Package Index（PyPI）である。

PyPI には誰でもライブラリを登録することができ、2019 年 5 月時点で 179710 個のプロジェクトが登録されている。

図 1　PyPI

　PyPI から欲しいライブラリを探し、ダウンロードしてインストールすることも可能である。しかし、例えば「A というライブラリは B というライブラリに依存している」「C というライブラリは C で書かれているため、ダウンロード後にコンパイルが必要になる」といった状況があり、全部人力で解決するのは面倒である。そこで、パッケージのダウンロードや依存関係の解決などをする pip というコマンドが用意されている。コマンドラインで、

```
pip install hoge
```

とすると、自動で PyPI から hoge を探してきて、依存関係も解決しつつインストールしてくれるようになる。しかし、Python 本体には Python2 系と Python3 系があり、お互いの互換性には問題がある。さらにライブラリでもバージョンによる互換性の問題が起きたため、「Python の環境を管理するマネージャ」が乱立した。このあたりは闇が深いので、ここでは深く突っ込まない。

　現在では Python の環境構築についてベストプラクティスもあるのであろうが、それはおいおい気になったらやってもらうことにして、ここでは、Anaconda というプラットフォームを紹介する。Anaconda には、科学技術計算に必要なライブラリや、Jupyter Notebook などよく使うアプリケーションが最初から含まれているため、「とりあえず使ってみたい」という方にメリットが大きい。ただし、他のよく使われるパッケージマネージャとぶつかるため、使っていて気になりだしたら別のパッケージマネージャ (例えば pipenv) などを使えば良い。以下、Anaconda のインストールの仕方を説明しておく。

2　Anaconda のインストール

　以下、Windows へのインストールを例に説明するが、Mac や Linux でも手順はほぼ同様である。
　Google で「Anaconda」と検索するか、https://www.anaconda.com/ にアクセスし、Products のメニューの「Indivisual Edition」を選ぶ。

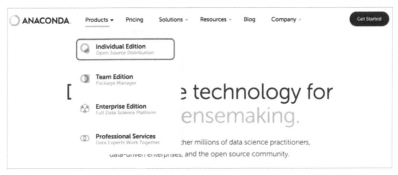

図 2　Anaconda のダウンロード

現れたページの下の方に「Windows | macOS | Linux」のタブが現れるので「Windows」をクリッ

クしてから「Python 3.7 version」の「Download」ボタンを押す。

図3　Anacondaのダウンロード

　ダウンロードが完了したら、Anacondaのアイコンをダブルクリックしてインストールを開始する。

　全てデフォルトのままで良いが、途中で自分だけにインストールするか、このPC全員にインストールされるか聞かれるので、適宜対応する。必要なパッケージをほとんど含んでいるため、インストールにはかなり時間がかかる。

　インストールが完了したら、「Anaconda Cloud」や「get started」を見るか聞かれる。必要ないので、チェックを外して「Finish」を押す。

　Windowsのスタートメニューから、Anaconda Navigatorを実行する。Windows 10だとメニューが折り畳まれている場合もあるので注意。

図4　Anaconda Navigator

　起動すると必要なパッケージを自動でインストールするため、環境によっては初回起動時に時間がかかるかもしれない。

　Navigator が起動したら、Jupyter Notebook を実行する。以下の画面の「Jupyter Notebook」の下の「Launch」をクリックする。

図 5　Jupyter Notebook

　デフォルトのブラウザで、Jupyter Notebook が開かれるので、右上の「New」ボタンから「Python 3」を選ぶ。

図 6　Open New Book

　新しいタブが開き、入力待ちになるので、そこで何かプログラムを入力する。例えば、

```
print("Hello Python")
```

と入力し「Shift+Return」もしくは上の「Run」ボタンをクリックする。

図7　Jupyter Notebook の実行結果

　セルの真下に「Hello Python」と表示されて、次のセルが入力待ちになれば成功である。これで Python を実行する環境は整った。

　右上の「Quit」を押してサーバを終了する。「Logout」を押して終了しようとすると、Anaconda Navigator を終了しようとする時に「Jupyter Notebook が終了していない」と言われるので注意。その場合はそのまま終了して問題ない。

　また、次回からは Anaconda Navigator を経由せず、いきなり Jupyter Notebook を実行して良い。「Jupyter Notebook」というタイトルのコマンドライン画面経由でブラウザが起動されるが、「Quit」を押せば、コマンドライン画面は消える。この時も「Logout」を押すとコマンドライン画面が残ってしまうが、その場合は Ctrl+C を何度か押せば消える。

2.1　Anaconda のトラブル

　たまに、Anaconda Navigator を終了しようとすると「Anaconda Navigator is still busy. Do you want to quit?」と言われることがある。しばらくまって、再度終了しようとしてもまた出る場合はそのまま終了して良い。

3　Python の実行方法

　Python にはいくつかの実行方法がある。ここではコマンドラインから実行する方法、IPython を使ってインタラクティブに実行する方法、Jupyter Notebook を使う方法を紹介する。

3.1　コマンドラインから実行

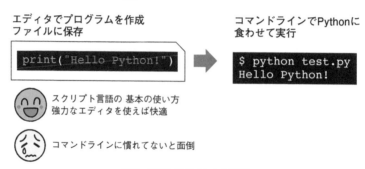

図8　コマンドラインから実行

「コマンドラインから実行」とは、プログラムをファイルに保存し、それを Python に渡して実行する方法である。別途エディタでプログラムを編集、保存し、コマンドラインで Python を実行する。

```
$ python test.py
Hello Python!
```

スクリプト言語の基本的な使い方であり、Vim、Emacs、VS Code など、多くのエディタが Python に対応しているため、そのような強力なエディタを使っていれば快適な開発環境が得られる。Pycharm という、Python 専用の IDE（統合開発環境）もあるので、慣れたら好きなものを使ってほしい。ちなみに筆者のおすすめは VS Code (Visual Studio Code) である。

エディタや開発環境によっては、コマンドラインを全く開かずに GUI 環境のみで実行できる場合もあるが、その場合でも一度はコマンドラインで実行し、裏で何が起きているかわかってからコマンドラインを使わない実行に移った方が良いだろう。

3.2 IPython を使ってインタラクティブに実行

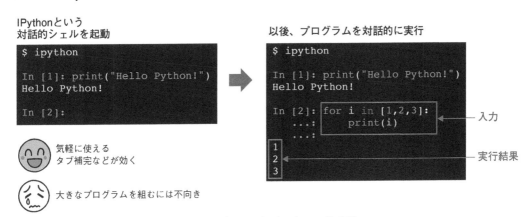

図 9 IPython でインタラクティブに実行

IPython とは Python の対話的シェルである。コマンドから ipython と実行すると入力待ちになり、そこで対話的にプログラムを入力、実行ができる。タブ補完が効いたり、コードの色がついて見やすくなったりするため、ちょっとしたプログラムを試したりするのに便利である。エディタや統合環境を使ったり、Jupyter Notebook を使う場合でも、この方法を覚えておいて損はない。

3.3　Jupyter Notebook を使う方法

Jupyter Notebookを実行するとブラウザが起動するので
「New」から「Python3」を選ぶ

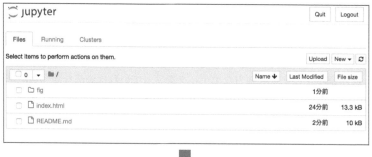

ノートブックが立ち上がるので、コードやメモを記述する

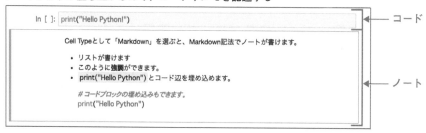

 気軽に使える
タブ補完などが効く

 慣れないと混乱するかも

図 10　Jupyter Notebook で実行

　コマンドラインから jupyter notebook と入力するか、Anaconda を使っているなら「Anaconda Navigator」で「Jupyter notebook」の「Launch」を押すと、Jupyter Notebook（ジュピター・ノートブック、あるいはジュパイター・ノートブック）が起動する。

　こちらはプログラムだけではなく、画像やノートも貼り付けることができ、「プログラムを埋め込むことができる実験ノート」として使える。ノートは保存し、後で開くことも、プログラムを編集して再度実行することもできる。プログラムのタブ補完も効く。本書で用いる Google Colab も、ブラウザから Jupyter Notebook が使えるサービスである。

　初めて Python を触るならば Jupyter Notebook を使うのが良いと思う。ただし、例えばセル間でグローバル変数を共有したり、「セルの並び順」ではなく「セルを実行した順」にプログラムが実行されるため、書き方が悪いと混乱しやすいかもしれない。とりあえず Jupyter Notebook を使いつつ、エディタによる開発に移行するか、併用するのが良い。

参考文献

本書の執筆のために参考にした書籍のうち、読者にとって有用だと思えるものをいくつか紹介する。

Python を学ぶために

- 『Python 公式ドキュメント』(https://docs.python.org/ja/3/) 初学者ほど安易な初学者向けのサイトを頼る傾向にあるが、後で困って調べなおしになることが多く二度手間となる。プログラム学習で何か躓いたら、まずは公式ドキュメントを見る癖をつけて欲しい。
- Bill Lubanovic（著）、斎藤 康毅（監修）、長尾 高弘（訳）『入門 Python3』オライリージャパン、2015。プログラムに限らないが、何かを真面目に学ぼうとすると、どこかで「重い、厚い」本を読む必要が出てくる。とりあえずオライリーの本を 1 冊買っておけば間違いない。

プログラムを学ぶために

- 西尾 泰和『コーディングを支える技術 ―成り立ちから学ぶプログラミング作法』WEB+DB PRESS plus、2014。プログラムを構成する要素について、様々な言語にまたがって説明することで「なぜその文法が導入されたのか、廃止されたのか」などを紐解く。1 つの言語があらかたマスターできたあたりで読むといろいろ発見があるだろう。
- Dustin Boswell、Trevor Foucher（著）、角 征典（訳）、『リーダブルコード ―より良いコードを書くためのシンプルで実践的なテクニック』オライリージャパン、2012。とりあえず「動く」プログラムがかけるようになったら、次は「どのように書くべきか」を気にしなければならない。この本は読みやすいコード（リーダブルコード）を書くためのテクニックが詰まった古典的名著である。

数学について

- 結城浩『数学ガール』シリーズ、SB クリエイティブ。高校生達の青春ドラマに、数学の楽しさと美しさを織り込んでいったような本。魅力的な登場人物の会話を追いかけているうちに「数学は面白く、そして美しい」ことが実感できると思う。

プロジェクトについて

- G. パスカル ザカリー（著）、山岡 洋一（訳）、『闘うプログラマー』、日経 BP、2009。マイクロソフトで Windows NT を開発した伝説のプログラマー「デイヴィッド・カトラー」の伝記のような本。マイクロソフトの命運をかけた巨大なプロジェクトは、超人的な努力と「デスマーチ」によって完遂された。プロジェクトとは何か、リーダーとはどうあるべきか等について考えさせられる。素晴らしいソフトウェアも、完成しなければ意味がないし、適切なビジネスモデルと組み合わせなければ収益を上げることができない。そんな「プロジェクト」はどうあるべきかについて興味がある人向けの本。
- エリヤフ・ゴールドラット（著）、三本木 亮（訳）『ザ・ゴール』シリーズ、ダイヤモンド社、2001。企業の目的とは何か？　それはお金を稼ぐことだ。それはどのようにして達成させるべきか？　「なるべく機械が動いている時間を長くする」「暇そうにしている人に仕事をさせる」そんな「あたりまえ」のことが効率を悪化させていた。「部分最適化の和は必ずしも全体最適化にならない」ことを、魅力的なストーリーとともに教えてくれる古典的名著。著者が「日本人がこの本を読んだら経済的に強くなりすぎる」と、しばらく和訳を禁じていたことでも有名。

索引

著者紹介

わたなべ ひろ し
渡辺宙志　博士（工学）

慶應義塾大学理工学部物理情報工学科准教授。2004 年に東京大学工
学系研究科物理工学専攻博士課程を修了。その後、名古屋大学大学
院情報科学研究科助手に就任。同大学助教を務めたのち、2008 年に
東京大学情報基盤センター スーパーコンピューティング部門特任
講師。2010 年に東京大学物性研究所附属物質設計評価施設助教を経
て、2019 年より現職。

NDC007　　　255p　　　24cm

まな　　　　パイソン
ゼロから学ぶ Python プログラミング
グーグル　　コラボラトリー　　　　　　　どうにゅう
Google Colaboratory でらくらく導入

2020 年 12 月 15 日　第 1 刷発行
2024 年 2 月 2 日　第 7 刷発行

著　者　　渡辺宙志
わたなべひろし

発行者　　森田浩章

発行所　　株式会社　講談社

KODANSHA

〒112-8001　東京都文京区音羽 2-12-21
　　販　売　(03) 5395-4415
　　業　務　(03) 5395-3615

編　集　　株式会社　講談社サイエンティフィク
代表　堀越俊一

〒162-0825　東京都新宿区神楽坂 2-14　ノービィビル
　　編　集　(03) 3235-3701

本文データ制作　　株式会社　トップスタジオ

印刷・製本　　株式会社　ＫＰＳプロダクツ